普通高等教育"十二五"规划教材

公共基础课教材系列

基础物理实验

（第二版）

王德法　王世亮　张卫东　主编

科学出版社

北京

内 容 简 介

　　本书是在长期实验教学改革和教学实践的基础上，总结教学经验，针对现代普通高校理工科基础物理实验教学的实际情况编写而成的。书中重点突出科学实验素质培养，实验技能培养和创新意识培养。

　　本书打破传统的力、热、电、光的教程划分方法，建立起以基础性实验、提高性实验、综合设计研究性实验为主的分层次、多元化的物理实验课程新结构。适合不同层次的教学需要，可作为普通高校理工科的非物理专业的基础物理实验课教学用书或参考书，也可供社会爱好者阅读。

图书在版编目（CIP）数据

基础物理实验/王德法，王世亮，张卫东主编. —2 版. —北京：科学出版社，2011. 3
　（普通高等教育"十二五"规划教材·公共基础课教材系列）
　ISBN 978-7-03-030250-2

Ⅰ.①基…　Ⅱ.①王…②王…③张…　Ⅲ.①物理学-实验-高等学校-教材　Ⅳ.①O4-33

中国版本图书馆 CIP 数据核字（2011）第 021683 号

责任编辑：沈力匀 / 责任校对：王万红
责任印制：吕春珉 / 封面设计：耕者设计工作室

科 学 出 版 社 出版
北京东黄城根北街 16 号
邮政编码：100717
http://www.sciencep.com

天津翔远印刷有限公司 印刷
科学出版社发行　各地新华书店经销

*

2011 年 3 月第 一 版　　开本：787×1092 1/16
2018 年 9 月第十三次印刷　印张：12
字数：270 000
定价：**26. 00 元**
（如有印装质量问题，我社负责调换〈翔远〉）
销售部电话 010-62134988　编辑部电话 010-62135235（VP04）

第二版前言

本书自 2006 年第一次出版以来，读者反响很好，很适合当前教学的需要。经过几年的使用，教学内容有一些调整，并且，在使用过程中发现书中存有一些错误和不当之处。因此全体编写成员对本书进行了修订。主要进行的修改有以下几方面：

（1）打破传统的力、热、电、光的教程划分方法，建立起以基础性实验、提高性实验、综合设计研究性实验为主的分层次、多元化的实验课程新结构。

（2）增加了部分实验项目和实验内容，删除了第一版中的仿真实验。建议单设仿真实验室，给学生提供一个预习实验的场所。

（3）修改了一部分实验的论述，订正了发现的错误。

我们感谢读者给予的支持，希望读者继续对本书提出宝贵的批评和建议。

第一版前言

物理学在人的科学素质的培养中具有重要地位，物理实验是物理教学的基础。基础物理实验课是大学中理、工、医、农等各科最基本的实验课之一，是为培养创新能力和实践能力、提高学生科学素质打下基础的极其重要的教学内容和环节。当我们进入了新世纪，特别是随着物理学近年来在其他学科中的迅速渗透和广泛应用，"基础"的内容日益广泛，要求日益提高。为了适应这种变化，基础物理实验也要相应地"与时俱进"。鲁东大学物理实验中心近年来积极改革实验内容，大力挖掘设备潜力，大量购置新设备，引进新技术，开设新实验，使基础物理实验紧跟时代发展而不断更新，取得了一定的效果。鲁东大学物理实验中心，在总结自己的教学体会的基础上，吸取和学习了一些名牌高校的宝贵经验和先进思路编写了这本符合时代要求并且适合于广大普通高校理工科物理实验教学的教材。

与传统的理工科（非物理）专业物理实验教材相比，本书增添了许多新的实验内容。力求反映当前主流的实验理论、技术和方法。例如，书中选用了电子示波器，计算机仿真实验。在内容的编写上，注意了对实验背景、实验设计思路的介绍，同时尽可能地介绍一些与所选实验相关的实验技术、应用情况及其展望。在数据处理方面，学习复旦大学物理实验教学的先进理念，摒弃了传统误差理论中一些不科学与不确切的内容，以由国际权威组织制定的《测量不确定度表示指南》为标准来阐述不确定度的评定，使之与国际接轨，同时也进行了一些必要的简化。让学生既掌握评定不确定度的基本方法又不会陷于过于严格的烦琐计算，以适合普物实验的要求。在实验技术和方法方面，吸取多所名牌高校物理实验教学的经验，开设新的实验项目，增加新的实验内容，开发新的实验思路和方法。

本书是鲁东大学物理实验中心近年来教学改革效果的体现，是全体教师的辛勤努力的结晶。本书由王德法、王世亮、张卫东主编，参加编写的人员还有：陈建农、吕万辉、王洪润、于永江等。在本书的编写过程中，鲁东大学教务处、鲁东大学物理与电子工程学院的领导和广大教师给予了极大的鼓励和支持。特别是赵继德教授始终关心这本书的编写情况，并及时地提出很多指导性的意见和建议。在此，向所有关心支持本书编写工作的领导和老师们表示诚挚的敬意和衷心的感谢！

由于我们的水平有限时间紧迫，书中不妥之处在所难免，恳请读者和同行们批评指正。

目　录

第一章 绪 论

第一节 物理实验的地位和作用

物理学是实验科学,实验是物理学的基础。特别是普通物理,更是与实验密不可分。在物理学的发展过程中,实验起着决定性的作用。凡物理学的概念、规律及公式等都是以实验为基础的。新的物理现象的发现、物理规律的寻找、物理定律的验证等,都只能依靠实验来完成。离开了实验,物理理论就会苍白无力,就会成为"无源之水,无本之木",不可能得到发展。

伽利略是16世纪伟大的实验物理学家,正是他用出色的实验工作把古代对物理现象的一些观察和研究引上了当代物理学的科学道路,才使得物理学发生了革命性的变化。力学中的许多基本定律,如自由落体定律、惯性定律等,都是由伽利略通过实验发现和总结出来的。库仑发明扭秤并用来测量电荷之间的作用力,为电磁学的研究和发展开启了先河。贝克勒尔和居里夫妇发现了天然放射性,由此成为了核物理学的奠基人。

关于理论和实验的关系,牛顿做过非常明确的阐述。他在1672年给奥尔登堡的信中说:"探求事物属性的准确方法是从实验中把它们推导出来。……考察我的理论的方法就在于考虑我所提出的实验是否确实证明了这个理论;或者提出新的实验去验证这个理论。"在牛顿提出的诸多理论中,万有引力定律历经磨难最终被海王星的发现和哈雷彗星的准确观测等实践所证明;而他关于光的本性的学说却被杨氏干涉实验和许多衍射实验所推翻。

经典物理学的基本定律几乎全部是实验结果的总结与推广。在19世纪以前,没有纯粹的理论物理学家。所有物理学家,包括对物理理论的发展有重大贡献的牛顿、菲涅耳、麦克斯韦等,都亲自从事实验工作。近代物理的发展则是从所谓"两朵乌云"和"三大发现"开始的。前者是指当时经典物理学无法解释的两个实验结果,即黑体辐射实验和迈克耳孙—莫雷实验;后者是指在实验室中发现了X光、放射性和电子。由于物理学的发展越来越深入、越来越复杂,而人的精力有限,才有了以理论研究为主和以实验研究为主的分工,出现了"理论物理学家"。然而,即使理论物理学家也绝对离不开物理实验。爱因斯坦无疑是最著名的理论物理学家,而他获得诺贝尔奖是因为他正确解释了光电效应的实验规律;他当初提出的以"光速不变"的假设为基础的相对论,是经过长期大量的实验后,才成为一个被人们普遍接受的理论。

总之,物理学的理论来源于物理实验又必须最终由物理实验来验证。因此,要学好物理学,必须学好物理实验。要从事物理学的研究,必须掌握物理实验的基本功。正因为如此,我国物理学界的前辈们对物理实验都十分重视。创办复旦大学物理系的王福山先生亲自从一个弹簧开始筹措实验仪器设备,为建立物理教学实验室倾注了大量的心血;创办清华大学物理系的叶企孙先生对李政道这样优秀的学生,仍规定:"理论课可免上,只参加考试;但实验不能免,每个必做。"

物理实验不仅对于物理学的研究工作和推动物理学的发展有着极其重要的地位和作用,对于物理学在其他学科领域中的应用也有着十分重要作用。当代物理学的发展已使我们的世界发生了惊人的改变,而这些改变正是物理学在各行各业中应用的结果。

电子物理、电子工程、光源工程、光科学信息工程等学科都显然是以物理学为基础的,当然有大量物理学的应用;在材料科学中,各种材料的物性测试、许多新材料的发现(如^{60}C、高温超导材料等)和新材料制备方法的研究(如离子束注入、激光蒸发等),都离不开物理的应用;在化学中,从光谱分析到量子化学、从放射性测量到激光分离同位素,也无不是物理的应用;在生物学的发展史中,离不开各类显微镜(光学显微镜、电子显微镜、X光显微镜、原子力显微镜)的贡献;近代生命科学更离不开物理学,DNA的双螺旋结构就是美国遗传学家和英国物理学家共同建立并为X光衍射实验所证实的,而对DNA的操纵、切割、重组也都需要实验物理学家的帮助;在医学中,从X光透视、B超诊断、CT诊断、核磁共振诊断到各种理疗手段,包括放射性治疗、激光治疗、γ刀等都是物理学的应用。物理学正在渗透到各个学科领域,而这种渗透无不与实验密切相关。显然,实验正是从物理基础理论到其他应用学科的桥梁。只有真正掌握了物理实验的基本功,才能顺利地把物理原理应用到其他学科而产生质的飞跃。

综上所述,要研究与发展物理学,要把物理理论应用到各行各业的实际中去,都必须重视物理实验,学好物理实验。

然而,对物理实验的重要性却往往被忽视。中国社会长期以来重理论轻实践的错误观念至今仍有影响。杨振宁先生1982年在《光明日报》上发表"谈人才培养"的文章中语重心长地指出:"像我这样有了一点名气的人也有不好的影响。在国内有许多青年人都希望搞我这一行(指搞理论),但是,像我这样的人,中国目前不是急需的。要增加中国的社会生产力需要的是很多会动手的人。"另一位获诺贝尔物理学奖的华裔实验物理学家丁肇中先生则说:"我是一个做实验的工程师。希望通过我的得奖,能提高中国人对实验的认识。没有实验就没有现代科学技术。"据统计,1901年以来,实验物理学家得诺贝尔奖的人数是理论物理学家人数的2倍;而近30年来,前者的人数超过后者6倍以上。

由此可见,物理实验的重要地位和重要作用正在越来越明显的被认识到。我们必须摒弃旧观念,解放思想,认清现实,摆正理论与实践的关系,才能真正造就高素质的有创新精神的一代新人,才能培养出建设祖国的栋梁之材和世界科技领域的领军人物,使我们中华民族龙腾东方,光耀世界。

第二节　普通物理实验课的目的及意义

通过第一节我们已经认识到了物理实验的重要性,普通物理实验室是物理学实验的基础。普通物理实验课教学对学生掌握物理实验的基本功,培养综合素质有着极其重要的意义。在普通物理实验课的教学中,我们应本着如下三个基本目的:

1. 学习物理实验的基本知识、基本方法、基本技能

普通物理实验教学中首先应使学生在物理实验的基本知识、基本方法和基本技能（三基）方面得到严格而系统的训练，这是做好物理实验的基础。

基本知识包括：实验原理、仪器构造与工作机理、实验的误差分析与不确定度评定、实验结果的表述方法、如何对实验结果进行分析与判断等。

基本方法包括：如何根据实验目的和要求确定实验的思路与方案、如何选择和正确使用仪器、如何减小各类误差、如何采用一些特殊方法来获得通常难以获得的结果等。

基本技能包括：各种调节与测试技术（粗调、微调、准直、调零、读数、定标等），真空技术（真空获得、维持、测量、应用等），电工技术（识别元件、焊接、排除故障、安全用电等），电子技术（微电流检测、弱信号放大等），传感器技术（力传感器、位移传感器、温度传感器、磁传感器、光传感器等）以及查阅文献的能力、自学能力、协作共事的能力、总结归纳能力、口头表达能力等。

这种基本训练往往会比较枯燥，令人不感兴趣，学生常常会敷衍了事。但这种基本训练却是完全必要的，它体现了最基本的实际动手能力和最起码的扎实认真的态度，因而必须首先保证这一要求的实现。没有这种严格的基本训练，就很难具备基本的素质，更不可能成为高素质的人才。

2. 学习用实验方法研究问题、解决问题，并在实践中提高发现问题、分析问题和解决问题的能力

研究物理现象和验证物理规律是进行物理实验的根本目的。在学习"三基"的过程中要有意识地学习学习用实验方法研究物理现象、验证物理规律，加深对物理理论的理解和掌握，并在实践中提高发现问题、分析问题和解决问题的能力。一般的"验证性实验"，虽然教师都已将实验题目确定好并设计好了实验步骤，但学生仍应仔细体会其中的奥妙所在，理解实验的设计思想，不应只按所列出的步骤操作、记数据、得结果就算完成，更不能偷工减料少做步骤。要多问几个为什么，想一想为什么要设计这样的步骤来完成这个实验，不按所规定的步骤去做会有什么问题，或者能否想出别的方法来达到同样的目的？在条件允许的情况下，经老师同意，也可以做自己设计的实验。作为实验指导老师，更应该启发、引导、鼓励学生，大胆想象，勇于思考，自己来设计实验。

进行物理实验也是真正理解和掌握物理理论的重要手段，完成实验的过程，正是学生透彻理解并运用物理理论的过程。只从书本上学到的知识往往是不完整的、不具体的，并且只是停留在感性认识上的。只有通过实验，才能使抽象的概念和深奥的理论变成具体的知识和实际的经验，变为在解决实际问题中的指导理论和有力工具。因此，要真正理解和掌握物理理论，并能正确使用物理理论，只靠在课堂上的学习是万万不行的，必须还要到实验室学习，亲自动手，亲自体会，才能真正地理解，才能真正地掌握，才能学到真正有血有肉的活生生的物理知识。

在进行实验的过程中常常会遇到一些意想不到的问题，也常常会发现一些意想不到的现象。这些问题和现象虽然往往不是实验研究的主要对象，但也不应视而不见，轻易放

过。这正是锻炼积极思考,提高分析问题、解决问题能力的绝好时机。要注意仔细观察、及时记录、认真分析,有必要时可以在老师的指导下进行深入研究。实际上,科学史上有不少重要发现都是在意想不到的情况下"偶然"出现的。

3. 培养严谨求实的科学态度和开拓创新的科学精神

"实践是检验真理的唯一标准",物理学的发展不可争辩地证明了这一真理理论的真理性。尊重事实、实事求是、严谨扎实是每一个物理学工作者必须坚持的原则,也是我们在物理实验教学和学习中必须贯穿整个过程的原则。物理学研究的是"物"之"理",就是从"实事"中去求"是"。物理学中的"实践"主要就是物理实验,在物理实验课中最能培养实事求是、严谨踏实的科学态度。任何弄虚作假,篡改甚至伪造数据的行为都是违背"实事求是"这一原则的,是绝对不能允许的。在物理实验课中,严格规定了记录数据不准用铅笔,不能用涂改液,误记或错记数据的更改要写明理由并经指导教师认可等,都是为了帮助学生养成实事求是的良好习惯。实际上,实验结果是什么就是什么,没有"好"、"坏"之分。与原来预想不一致的实验结果不仅不应随便舍弃,还应特别重视,我们应认真分析原因,它可能就是某个新发现的开端。历史上许多新的物理理论都是由于旧理论无法解释某些实验现象而建立起来的。因此,实事求是的严谨态度与积极创新的科学作风是相联系的。在严谨的实验中才能发现真正的问题,而解决这些问题往往就需要坚韧不拔的毅力和积极创新的思维。实际上,只要认真去做实验,一定会发现许多问题,其中有些问题是教师也未必能解决的。所以,实验室应当而且可以成为培养学生求实态度、严谨作风和创新精神的最好场所。

第三节　　怎样做好普通物理实验

一、认真预习

预习是做好物理实验的基础和前提。没有预习,或许可以听好一堂理论课,但决不可能完成好一堂实验课。物理实验预习的基本要求是:仔细阅读教材,了解实验的目的和要求及所用到的原理、方法和仪器设备。一些实验有供预习的 CAI 软件,学生可以从电脑上更清晰地看到实验概况及原理、仪器设备等。一些实验还没有预习的 CAI 软件,学生最好在规定时间去实验室看一下实验的仪器设备状况,查阅一下仪器的使用说明书。有些实验还需要复习一下相关的物理理论,翻阅一些参考书。通过预习,应对将做的实验有一个初步的大致了解,写好预习报告(包括实验目的、原理、步骤、电路或光路图及数据表格等)。预习报告中,数据表格是很重要的。往往是只有真正理解了如何来做实验才能画好这个表格。表中要留有余地,以便有估计不到的情况发生时能够记录。直接测量的量和间接测量的量(由直接测量的量计算所得的量)在表中要清楚地分开,不应混在一起。

二、认真操作　　仔细察　　做好记录

进入实验室最该注意的就是安全和爱护仪器设备。安全永远是第一位的,爱护仪器

设备永远是不可忽视的。在实验室中,可能有大功率电源、煤气、压缩空气以及放射性物质、激光、易燃易爆等危险物品或其他有毒、有害物品。所以,进入实验室必须听从老师的要求,严格执行仪器设备的操作规程;必须详细了解并严格遵守实验室的各项规章制度。这些规章制度是为保护人身安全和仪器设备安全而规定的,违反了就有可能损毁仪器设备,甚至是酿成事故,伤及人身。

进行实验的过程当中,要胆大心细、严肃认真、一丝不苟。既要做到注意安全,同时又要做到注意爱护设备仪器。对于精密贵重的仪器或元件,特别要稳拿妥放,防止损坏。在电磁学实验中,必须经教师检查无误后才可接通电源。在使用任何仪器前,必须先看说明书,详细了解注意事项;在调节时,应先粗调后微调;在读数时,应先取大量程后取小量程;实验完成后,应整理好仪器设备,关好水、电、煤气等,方可离开实验室等,这些都是一个实验工作者应该具备的基本素质,是应该养成的良好的实验习惯。

实验记录是做好实验的重要组成部分,它应全面真实反映实验的全过程,包括实验的主要步骤(必要时写明为什么要采取这样的步骤)、观察与测量的条件和情况以及观察到的现象和测量到的数据(为了清楚起见,数据常用表格来记录,制表方法详见第二章第三节)。不仅要记录与预想一致的数据和现象,更要记录与预想不一致的数据和现象。记录应尽量清晰、详尽。科学研究中的实验记录本是极其宝贵的资料,要长期保存,因此必须认真对待。关于实验操作与记录,以下两点是要特别注意的:

(1) 实验中,不仅要动手而且要动脑。做实验是为了学习从事科学研究工作的能力,学会某些仪器设备的使用方法不仅是目的而更重要的是手段。只有在实验中认真动手积极动脑,才能触类旁通,掌握实验的真谛,学到从实践中发现问题、分析问题、解决问题的真功夫。其中,发现问题是解决问题的第一步,有所发现才能有所创造。因此,在实验过程中要十分注意各种实验现象。不仅对主要的现象、预先估计到的现象,要认真观察、仔细测量、工整记录;对于一些次要的现象、预先没有估计到的现象,也要注意观察和如实记录,以便进行分析和讨论。

(2) 数据记录必须真实,决不可任意伪造或篡改。这是一个科学工作者的基本道德素养。教学实验与科学实验不同,在教学实验中,实验结果往往是预知的,或有公认值的。实验结果与公认值不一致的情况是经常会发生的。这种不一致的原因,不一定是因为学生操作的失误、概念理解不当或计算错误,它也可能是由于仪器设备不正常或环境等其他原因造成的。决不可认为实验结果与公认值越接近,就表明实验做得越好,得分也会越高;更不可为追求实验结果与公认值的一致而编造或篡改实验记录。从学生学习的角度讲,过程比结果更重要。教师对学生的培养与评价,侧重于实验的态度与作风以及发现、分析、解决问题的能力。

三、认真撰写实验报告

一个实验的最终结果,总是以实验报告的形式展现在人们的面前的。实验报告要完全真实地反映实验的所有情况。实验报告可以在预习报告的基础上完成,也可以重新另写。对于实验报告,过去有些同学往往只重视数据处理和得出实验结果,对于实验的原理、仪器的型号、实验步骤、记录的数据和现象等的撰写很不重视。这是非常错误的。

　　认真撰写实验报告是培养实验工作者基本素质的重要一环。

　　科研工作者在进行实验研究时,无不及时认真地记录下实验过程中所有的各种现象和数据,哪怕是一个很不起眼的现象、变化很小的数据也从不放过,并且这些纪录被长期的保存在实验室中,以作为科学研究的宝贵资料。这些资料都是智慧和辛勤的汗水换来的,是极为珍贵的,是非常值得珍惜的。为了培养学生良好的认真完整的记录习惯,学习并掌握从事实验研究工作的基本功,在实验报告中,要求学生详细记录实验环境、实验条件、实验仪器、实验现象和测量数据,尤其是实验现象更要做强调性的要求,过去有好多学生往往是只记数据而不记现象,这是一个根本性的错误。

　　要公布研究工作所取得的成果,一般都是以论文的形式发表。为了训练学生这种对实验成果的文字表达能力,在实验报告中,要求学生用自己的语言简要地写明实验目的、原理和步骤并进行适当的讨论。

　　实验报告的内容主要应含有以下三方面:

1. 简述实验目的、原理和步骤

　　在实验报告中,要在透彻理解相关理论知识的前提下,尽可能的用自己的语言简要地阐明实验的目的、原理和步骤。写这些内容时,一定不要机械地从教材、书本、仪器设备说明书或其他地方抄写。照抄既会使报告赘长又会失去做实验的目的和意义。注意,这里在"明"的前提下,强调尽量的"简"。

2. 真实而全面地填写实验记录

　　在实验报告中必须真实而全面地记录下实验条件和实验过程中得到的全部信息。实验条件包括实验的环境(室温、气压等与实验有关的外部条件)、所用的仪器设备(名称、型号、主要规格和编号等)、实验对象(样品名称、来源及其编号等)以及其他有关器材等。实验过程中要随时记下观察到的现象、发现的问题和自己产生的想法;特别当实际情况和预期不同时,要记下有何不同,分析为何不同;或者是看到的现象和理论好像矛盾的时候,更要认真记录,分析原因。实验记录要认真、仔细、清晰、整洁,但一定不要为了清晰整洁先把数据记在草稿上再誊上去,更不要算好了再填上去。要培养清晰而整洁地记录原始数据的能力和习惯。

3. 认真地分析和解释实验结果,得出实验结论

　　实验结果不是简单的测量结果,它应包括不确定度的评定、对测量结果与期望值的关系的讨论,分析误差的主要原因和改进方法,还应包括对实验现象的分析与解释,对实验中有关问题的思考和对实验结果的评论等。

　　最后,实验报告中还可谈谈做本实验的体会和建议。

第二章　测量的不确定度和数据的处理

物理实验的目的是探寻和验证物理规律,而许多物理规律是用物理量之间的定量关系来表述的。在物理实验中可以获得大量的测量数据,这些数据必须经过认真地、正确地、有效地处理,才能得出合理的结论,从而把感性认识上升为理性认识,形成或验证物理规律。所以,数据处理是物理实验中一项极其重要的工作。本章将介绍一些最基本的数据处理方法,包括误差分析、不确定度评定、有效数字及做图拟合法等。

第一节　实验误差的分析

一个待测物理量的大小,在客观上应该有一个真实的数值,叫做"真值"。由于测量方法、测量仪器、测量条件及测量者的种种问题,实际测得的数值即测量值,只能是一个真值的近似值。测量值与真值之差称为误差。测量方法的考虑、测量仪器的选择、测量条件的确定、测量数据的处理等都应在可能的范围内力求减小误差。

所谓测量,就是由测量者采取某种测量方法、用某种测量仪器将待测量与标准量进行比较。例如,为测量一个待测物的质量,可以用天平(测量仪器)把待测物放在天平的一侧,把适量的砝码(其质量为标准量)放在另一侧,适当调节而使两侧平衡时(测量方法),即可得到待测物的质量,即待测量。由此可知,测量值并不等于真值,测量值存在误差的原因可能有以下三方面:测量仪器(及标准量)的问题、测量方法的问题、测量者的问题。下面详细讨论这几方面:

1. 测量仪器及标准量的问题

在许多情况下,测量仪器上的刻度(或数字显示)就代表了标准值,如米尺、温度计等。但是这种"标准量"也并非真正标准,它与真正的标准必有差距。例如,米尺端边会磨损、刻度有不均匀性或不够准确、在不同温度下米尺本身的长度有变化等。

2. 测量方法的问题

采用不同的测量方法可能会得到不同的测量结果,其影响是很明显的。例如,为了测量一块玻璃板的温度,用一般的温度计测量和用激光测量,其结果就往往不一样;为了测量重力加速度,用测单摆周期的方法或用自由落体的方法结果也可能会不同。

3. 测量者的问题

这方面的问题很多。首先是"估读"的不同,待测量位于标准量的某两刻度之间时,必须估读其数值,不同测量者的估读会有不同;这与测量者的位置、熟练程度及仪器所处的环境状况等有关。其次是"判断"的不同,例如,要测量干涉条纹间的距离,为确定何处是干涉条纹的中心位置(即光最亮处或最暗处),需要经验和判断能力。最后还有"误读"的可能,即测量者长期工作中难免犯错误,把数据读错也是很可能发生的。

以上三方面的问题都会造成误差。其中第一个问题和第三个问题产生的误差大小与测量仪器、测量者、测量条件和测量次数有关,可以用一定的方法进行评定(第三个问题中的"误读"除外),这种评定的方法将在第二节详述。测量方法的问题则要进行定性分析以尽量避免或进行定量分析予以修正。

例如,要测量一块正在加热的平面玻璃的温度,无论用温度计或热电偶,放在玻璃板的任何一侧,都不可能测准,因为测温元件(温度计或热电偶)与待测元件(玻璃板)的受热与散热情况都不相同,它们的温度不可能相同。因此,可以改用激光测温的方法,它利用待测元件本身作为测温元件,从玻璃表面间反射光的干涉条纹变化来确定其温度变化,就可以避免因测温元件与待测元件的温度差而形成的误差。

又如,用单摆测量重力加速度的一般公式为

$$g = 4\pi^2 \frac{L}{T^2} \qquad\qquad (2.1)$$

式中 T 为单摆周期,L 为摆长。这里忽略了单摆摆线的质量,忽略了单摆运动是非简谐运动,也忽略了空气阻力的影响等。如要修正上述这些因素造成的误差,则要进行严格的计算和修正。例如,摆线质量为 μ,摆球半径为 r,质量为 m,则式(2.1)应修正为

$$g = 4\pi^2 \frac{L}{T^2} \left(1 + \frac{2}{5}\frac{r^2}{L^2} - \frac{1}{6}\frac{\mu}{m}\right) \qquad\qquad (2.2)$$

摆动的幅角较大或空气的浮力与阻力的影响较大时还应做其他各种修正。实验误差的分析是一项十分重要的工作,要考虑实际上可能对测量结果产生影响的各种因素,分析其影响的大小。任何实验都不要求把一切影响因素全部消除,这在经济上、时间上、精力上都将造成浪费,而实际上也是不可能做到的;只要达到一定的误差允许范围之内就行。而这种分析需要广博的基础知识、丰富的实践经验和高超的判断能力。这就要求我们在各种实验中认真思索,仔细考虑,以积累经验,丰富知识,提高分析判断能力。

第二节　测量不确定度及其评定

一、不确定度评定的意义

如上所述,即使采用了正确的测量方法,由于测量仪器和测量者的问题,测量结果仍不可能是绝对准确的,它必然有不确定的成分。实际上,这种不确定的程度是可以用一种科学的、合理的、公认的方法来表征的,这就是"不确定度"的评定。在测量方法正确的情况下,不确定度愈小,表示测量结果愈可靠。反之,不确定度愈大,测量的质量愈低,它的可靠性愈差,使用价值就愈低。

不确定度必须正确评价。评价得过大,在实验中会怀疑结果的正确性而不能果断地做出判断,在生产中会因测量结果不能满足要求而需再投资,造成浪费;评价得过小,在实验中可能得出错误的结论;在生产中则产品质量不能保证,造成危害。

二、关于不确定度的一些基本概念和分类

不确定度的评定十分重要，但以往各国对不确定度的表示和评定却有不同的看法和规定，这无疑影响了国际间的交流和合作。1992 年，国际标准化组织(ISO)发布了具有指导性的文件《测量不确定度表示指南》(以下简称《指南》)，为世界各国不确定度的统一奠定了基础。1993 年 ISO 和国际理论与应用物理联合会(IUPAP)等七个国际权威组织又联合发布了《指南》的修订版。从此，物理实验的不确定度评定有了国际公认的准则。

《指南》对实验的测量不确定度有十分严格而详尽的论述。作为普通物理实验教学，只要求对不确定度的下述基本概念有初步的了解。

不确定度是表征测量结果具有分散性的一个参数，它是被测量的真值在某量值范围内的一个评定。

所谓"标准不确定度"是指以"标准偏差"表示的测量不确定度估计值，简称不确定度，常记为 u。（关于"标准偏差"的意义请阅附录 1。）

标准不确定度一般可分为以下三类：

（1）**A 类评定不确定度**：在同一条件下多次测量，即由一系列观测结果的统计分析评定的不确定度，简称 A 类不确定度，常记为 u_A。

（2）**B 类评定不确定度**：由非统计分析评定的不确定度，简称 B 类不确定度，常记为 u_B。

（3）**合成标准不确定度**：某测量值的 A 类与 B 类不确定度按一定规则算出的测量结果的标准不确定度，简称合成不确定度。

以下分别讨论如何进行不确定度的评定、合成、传递和表示。

三、标准不确定度的评定

1. A 类不确定度 u_A

在相同的条件下，对某物理量 x 作 n 次独立测量，得到的 x 值为 $x_1, x_2, x_3, \cdots, x_n$，于是平均值 $\bar{x}$ 为

$$\bar{x} = \frac{1}{n} \sum_{i=1}^{n} x_i \tag{2.3}$$

平均值为测量结果的最佳值，它的不确定度为

$$u_A(\bar{x}) = t \cdot \sqrt{\frac{\sum_{i=1}^{n} (x_i - \bar{x})^2}{n(n-1)}} \tag{2.4}$$

式中的 t 就称为"t 因子"，它与测量次数和"置信概率"有关（所谓"置信概率"是指真值落在 $\bar{x} \pm u_A(x)$ 范围内的概率）。t 因子的数值可以根据测量次数和置信概率查表得到，当测量次数较少或置信概率较高时，$t > 1$；当测量次数 $n \geq 10$ 且置信概率为 68.3% 时，$t \approx 1$；在大多数普通物理教学实验中，为了简便，一般就取 $t = 1$。（关于 t 因子的大小，请阅附录 2。）

2. B 类不确定度 u_B

若对某物理量 x 进行单次测量,那么 B 类不确定度由测量不确定度 $u_{B_1}(x)$ 和仪器不确定度 $u_{B_2}(x)$ 两部分组成。

测量不确定度 $u_{B_1}(x)$ 是由估读引起的,通常取仪器分度值 d 的 $\frac{1}{10}$ 或 $\frac{1}{5}$,有时也取 $\frac{1}{2}$,视具体情况而定;特殊情况下,可取 $u_{B_1}=d$,甚至更大。例如,用分度值为 1mm 的米尺测量物体长度时,在较好地消除视差的情况下,测量不确定度可取仪器分度值的 $\frac{1}{10}$,即 $u_{B_1}=\frac{1}{10}\times1\text{mm}=0.1\text{mm}$;但在示波器上读电压值的时候,如果荧光线条较宽、且可能有微小抖动,则测量不确定度可取仪器分度值的 $\frac{1}{2}$,若分度值为 0.2V,那么测量不确定度 $u_{B_1}(x)=\frac{1}{2}\times0.2\text{V}=0.1\text{V}$。又如,用肉眼观察远处物体成像的方法粗测透镜的焦距,虽然所用钢尺的分度值只有 1mm,但此时测量不确定度 $u_{B_1}(x)$ 可取数毫米,甚至更大。

仪器不确定度 $u_{B_2}(x)$ 是由仪器本身的特性所决定的,它定为

$$u_{B_2}(x) = \frac{a}{c} \tag{2.5}$$

其中,a 是仪器说明书上所标明的"最大误差"或"不确定度限值",c 是一个与仪器不确定度 $u_{B_2}(x)$ 的概率分布特性有关的常数,称为"置信因子"。仪器不确定度 $u_{B_2}(x)$ 的概率分布通常有正态分布、均匀分布、三角形分布以及反正弦分布、两点分布等。对于正态分布、均匀分布和三角形分布,置信因子 c 分别取 3、$\sqrt{3}$ 和 $\sqrt{6}$。如果仪器说明书上只给出不确定度限值(即最大误差),却没有关于不确定概率分布的信息,则一般可用均匀分布处理,即

$$u_{B_2}(x) = \frac{a}{\sqrt{3}}$$

有些仪器说明书没有直接给出其不确定度限值,但给出了仪器的准确度等级,则其不确定度限值 a 需经计算才能得到。如指针式电表的不确定度限值等于其满量程值乘以等级,例如,满量程为 10V 的指针式电压表,其等级为 1 级,则其不确定度限值 $a=10\text{V}\times1\%=0.1\text{V}$。又如,电阻箱的不确定度限值等于示值乘以等级再加上零值电阻,由于电阻箱各挡的等级是不同的,因此在计算时应分别计算,例如,常用的 ZX21 型电阻箱,其示值为 360.5Ω,零值电阻为 0.02Ω,则其不确定度限值 $a=(300\times0.1\%+60\times0.2\%+0\times0.5\%+0.5\times5\%+0.02)\Omega=0.47\Omega$。

四、标准不确定度的合成与传递

由正态分布、均匀分布和三角形分布所求得的标准不确定度可以按以下规则进行合成与传递。

1. 合成

(1) 在相同条件下,对 x 进行多次测量时,待测量 x 的标准不确定度 $u(x)$ 由 A 类不确定度 $u_A(x)$ 和仪器不确定度 $u_{B_2}(x)$ 合成而得。即

$$u(x) = \sqrt{u_A^2(x) + u_{B_2}^2(x)} \tag{2.6}$$

其中,$u_{B_2}(x)$ 的值根据相应的概率分布进行估算。

(2) 对待测量 x 进行单次测量时,待测量 x 的标准不确定度 $u(x)$ 由测量不确定度 $u_{B_1}(x)$ 和仪器不确定度 $u_{B_2}(x)$ 合成而得。即

$$u(x) = \sqrt{u_{B_1}^2(x) + u_{B_2}^2(x)} \tag{2.7}$$

对于单次测量,有时会因待测量的不同,其不确定度的计算也有所不同。例如用温度计测量温度时,温度的不确定度合成公式为上述的(2.7);而在长度测量中,长度值是两个位置读数 x_1 和 x_2 之差,其不确定度合成公式为 $u(x) = \sqrt{u_{B_1}^2(x_1) + u_{B_1}^2(x_2) + u_{B_2}^2(x)}$。这是因为 x_1 和 x_2 在读数时都有测量不确定度,因此在计算合成不确定度时都要算入。

2. 传递

在间接测量时,待测量(即复合量)是由直接测量的量通过计算而得的。若 $y = f(x_1, x_2, x_3, \cdots, x_N)$,且各 x_i 相互独立,则测量结果 y 的标准不确定度 $u(y)$ 的传递公式为

$$u^2(y) = \sum_{i=1}^{N} \left(\frac{\partial f}{\partial x_i}\right)^2 u^2(x_i) \tag{2.8}$$

由(2.8)可以得到一些常用的不确定度传递公式:

对加减法:$y = x_1 \pm x_2$,则

$$u^2(y) = u^2(x_1) + u^2(x_2) \tag{2.9}$$

对乘除法:$y = x_1 \cdot x_2$,或 $y = \dfrac{x_1}{x_2}$,则

$$\left[\frac{u(y)}{y}\right]^2 = \left[\frac{u(x_1)}{x_1}\right]^2 + \left[\frac{u(x_2)}{x_2}\right]^2 \tag{2.10}$$

对乘方(或开方):$y = x^n$,则

$$\left[\frac{u(y)^2}{y}\right] = \left[n \cdot \frac{u(x)}{x}\right]^2 \tag{2.11}$$

五、不确定度的表示

由于不确定度 $u(x)$ 表示的是待测量 x 的真值在一定的置信概率下可能存在的范围,因而,测量结果常表示为 $x \pm u(x)$,例如,所测长度为 $1.05\text{m} \pm 0.02\text{m}$。这是不确定度的一般表示法。

有时,以不确定度对于待测量的百分比来表示更能看出不确定度的相对大小,即把测

量结果的不确定度表示为 $\frac{u(x)}{x} \times 100\%$，例如，所测长度为 1.05m，相对不确定度 2%。这是不确定度的百分比表示法。

除了以上两种常用的不确定度表示法外，还有一种更为简略的表示法，叫做不确定度的有效数字表示法。所谓有效数字，是指一个数值中，从第一个非 0 数字算起的所有数字。例如，$x=0.0035$ 中的 3 是第一个非 0 数字，因此 x 有两位有效数字：3 和 5，小数点前后的三个 0 都是表示数量级的，不是有效数字。又如，$x=3.500$ 有四位有效数字 3,5,0,0 都是有效数字，其中的两个 0 虽然对该数的大小并无意义，但它却表示这个数的准确程度可达小数点后的第三位，即 x 的值约在 3.495 和 3.504 之间，它与 $x=3.5$ 是显然不同的，后者表示小数点后的第一位数(即 5)就是可疑的，不确定的。测量最后结果的不确定度，一般只取一位有效数字，而测量结果的末位有效数字应与不确定度的有效数字对齐，即测量结果的末位有效数字是不确定的(特殊情况下，不确定度的有效数字可取两位，即测量值的末两位有效数字都是不确定的)。这样，根据测量值的不确定度，可以决定测量值的有效数字位数。

在计算数据时，当有效数字位数确定后，须进行数字修约，修约规则为：四舍六入五成双。"五成双"的意思是遇到被舍数字恰为"50"或只有"5"一位数字时，则"5"有时入，有时不入，应使有效数字末位保持为偶数。这样可使舍和入的机会均等，从而避免在处理较多数据时因入比舍多而带来的问题。

例如，经计算所得的长度值为 $x=3.54825$m，若不确定度为 0.0003m。则应取测量值的结果为 $x=3.5482$m；若不确定度为 0.002m，则应取测量值的结果为 $x=3.548$m；若不确定度为 0.05m，则应取测量值的结果为 $x=3.55$m；若不确定度为 0.1m，则应取测量值的结果为 $x=3.5$m(如以毫米为单位，则应写成 3.5×10^3mm，绝不可写成 3500mm)。这样，从测量值的有效数字，就可大约知道它的不确定度，这就是不确定度的有效数字表示法。显然，这只是一种简略的表示法，在严格的定量实验中，应采用不确定度的一般表示法或百分比表示法。

虽然测量最后结果的不确定度，一般只取一位有效数字，但在运算过程中，不确定度一般要取两位或更多，中间过程测量值的有效数字也应适当多取一些，以免过早舍入，造成不合理的结果。

有效数字的运算有一定的规则，最简单和常用的规则是：

当两个数相加减时，有效数字的位数应对齐；当两个数相乘除时，有效数字的位数应与有效数字少的一致。

例如，$x=1.832$m(共有 4 位有效数字，末位在小数点后第 3 位)，$y=1.69$m(共有 3 位有效数字，末位在小数点后第 2 位)，

则：$x+y=3.52$(m)(末位取小数点后第 2 位)；$x-y=0.14$(m)(末位取小数点后第 2 位)；

$xy=3.10$(m²)(共取 3 位有效数字)；$\frac{x}{y}=1.08$(共取 3 位有效数字)。

六、实例

用电子天平测得一个圆柱体的质量 $m=80.36$g；电子天平的最小指示值为 0.01g；不

确定度限值为 0.02g。用钢尺测量该圆柱体的高度 $H = H_2 - H_1$，其中，$H_1 = 4.00$cm，$H_2 = 19.32$cm；钢尺的分度值为 0.1cm，估读 1/5 分度；不确定度限值为 0.01cm。用游标卡尺测量该圆柱体的直径 D（数据如表 2.1 所示）；游标卡尺的分度值为 0.002cm；不确定度限值为 0.002cm。

表 2.1 游标卡尺对圆柱体直径的测量数据

D/cm	2.014	2.020	2.016	2.020	2.018
	2.018	2.020	2.022	2.016	2.020

试根据上述数据，计算该圆柱体的密度及其不确定度。

解:（1）圆柱体的质量 $m = 80.36$g

$$u(m) = \sqrt{[u_{B_1}(m)]^2 + (u_{B_2}(m))^2} = \sqrt{(0.01)^2 + (0.02/\sqrt{3})^2} = 0.015(\text{g})$$

（2）圆柱体的高 $H = H_2 - H_1 = 19.32 - 4.00 = 15.32(\text{cm})$

$$u(H) = \sqrt{2 \times (u_{B_1}(H))^2 + (u_{B_2}(H))^2} = \sqrt{2 \times (0.02)^2 + (0.01/\sqrt{3})^2} = 0.029(\text{cm})$$

（3）圆柱体直径的平均值 $\overline{D} = \dfrac{1}{10}\sum_{i=1}^{10} D_i = 2.0184(\text{cm})$

$$u_A(\overline{D}) = \sqrt{\sum_{i=1}^{10}(D_i - \overline{D})^2 / 10 \times (10-1)} = 0.00078(\text{cm})$$

$$u(\overline{D}) = \sqrt{[u_A(\overline{D})]^2 + [u_{B_2}(\overline{D})]^2} = \sqrt{(0.00078)^2 + (0.002/\sqrt{3})^2} = 0.0014(\text{cm})$$

（4）根据上述数据计算材料的密度 ρ

$$\rho = \frac{m}{V} = \frac{4m}{\pi D^2 H} = \frac{4 \times 80.36}{3.1416 \times (2.0184)^2 \times 15.32} = 1.639(\text{g/cm}^3)$$

$$\frac{u(\rho)}{\rho} = \sqrt{\left[\frac{u(m)}{m}\right]^2 + \left[2 \cdot \frac{u(D)}{D}\right]^2 + \left[\frac{u(H)}{H}\right]^2}$$

$$= \sqrt{\left(\frac{0.015}{80.36}\right)^2 + \left(2 \times \frac{0.0014}{2.0184}\right)^2 + \left(\frac{0.029}{15.32}\right)^2} = 0.24\%$$

$$u(\rho) = \frac{u(\rho)}{\rho} \times \rho = 0.24\% \times 1.639 = 0.004(\text{g/cm}^3)$$

$$\rho \pm u(\rho) = 1.639 \pm 0.004 = (1.639 \pm 0.004) \times 10^3(\text{kg/m}^3)$$

第三节 制表、做图与拟合

一、制表

在物理实验的测量和计算中，常要将数据记录在表格中，便于整理、计算、作图或拟合。制表一般应注意如下事项（参见表 2.2）：

表 2.2　测量一个圆柱体样品的密度

测量次数	1	2	3	4	5	平均值	u_A
直径 D/cm							
长度左端 h_1/cm						—	—
长度右端 h_2/cm						—	—
长度 $h = (h_1 - h_2)$/cm							

样品的质量 $m =$ _____ g。

$$\rho = \frac{4m}{\pi \overline{D}^2 h} = \underline{\qquad}。$$

室温 $t_r =$ _____ ℃；湿度 $\eta =$ _____ %。

注意事项

(1) 制表前,应先明确实验中要测哪些物理量? 哪些是直接读出的、哪些是通过计算得出的? 哪些量宜先测、哪些量宜后测? 哪些量只要测一次、哪些量要多次测量求平均? (多次测量时,一般应在 10 次以上;但因课时有限,可取 5 次。)

(2) 制表时,应合理安排各待测量在表格中的位置。一般可先列直接读出量、再列计算得出量;先列先测量、后列后测量;让自变量与因变量在表中一一对应。如果预先可以确定自变量的变化范围和取值,则可按自变量的值由小到大或由大到小在表中预先写好。

(3) 任一物理量都是数值与单位的合成(关于物理量的单位请阅附录3),在表格中常用物理量与单位的比值来表示,如表2.2的第一列所示,其中 D/cm 表示物理量 D 的单位是 cm,依此类推。注意:物理量的符号应用斜体书写,单位的符号则用正体书写,以示区别(在用计算机打印时,更应严格遵守此规定)。

(4) 表中各符号所代表的意义都应有相应的说明(如表2.2中的直径、长度等,但不一定写在表格中)。

(5) 不同的物理量之间应用线条加以区分,如表2.2中各横线所示。物理量与数据之间也应用线条加以区分,如表2.2中第1竖线所示。

(6) 测量量与计算量应明确区分,如表2.2中第6、7竖线所示。计算量应注明计算公式(不一定写在表格中)。

(7) 为了清楚说明表的意义,必要时还应加上一个表名。

二、做图

在物理实验中,常为了清晰地看到物理量之间的定性关系,或方便地比较不同的物理特性,需要用图解法来直观地显示物理量之间的关系,有时做直线拟合,有时还要做曲线图。做图法是研究物理量之间变化规律的重要手段。对于做图一般应遵守如下规则(图2.1)。

(1) 做图用纸一般应采用标准坐标纸。图纸的大小应能反映物理量的有效数字;做图区域应占图纸的一半以上。

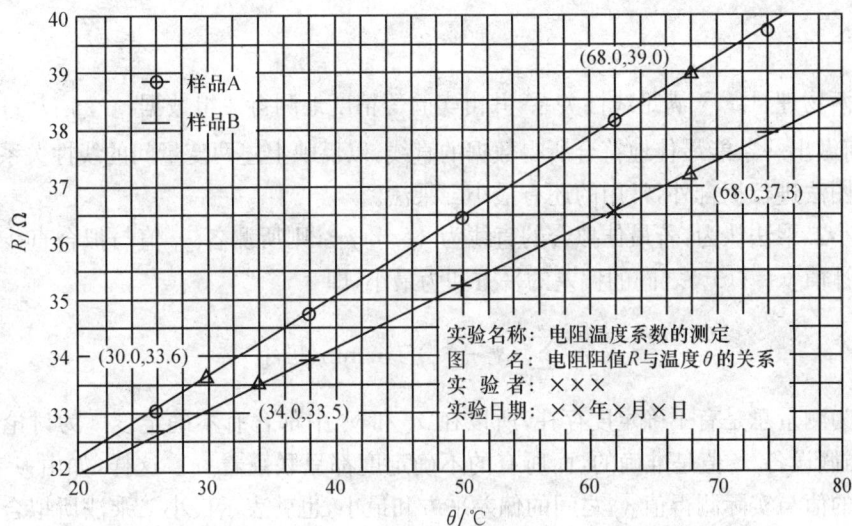

图 2.1　做图图例

（2）取自变量为横坐标（向右增大）；取因变量为纵坐标（向上增大）。画出纵、横坐标轴，并与图纸上印的线条密切重合，但坐标轴不一定取图纸所印表格的边线，坐标轴的标度值不一定从零开始。

（3）根据自变量（及因变量）的最低值与最高值，选取合适的做图比例，应取图纸上的1格所表示的原数据的量值变化为1、2、5等数（或它们的十进倍率）。

（4）每隔相同距离，沿轴画一垂直于轴的短线（称为标度线），并在其附近注以标度值。标度值的位数不必取实验数据中的全部有效数字位数，例如，2.50只标2.5即可。（一般在各坐标轴上可标5～10个标度值。）

（5）对每一坐标轴，要标明物理量的名称及单位符号（标注的方法与表格相同）。

（6）数据点要用端正的"＋"或"⊙"等符号来表示。数据点应在符号的中心，符号的大小应相当于不确定度的大小；但为简单起见，也可统一取2～3mm。在一张图纸上做多条曲线时，不同的数据组应使用不同的符号来表示数据点，并在图中适当位置说明不同符号的不同意义。求斜率时取点的符号应采用有别于这些数据点的符号，例如，用正三角形"△"，并在其旁标以坐标（坐标值应正确写出有效数字）；求斜率时所取点的位置应靠近直线的两端，为计算方便起见，可选取横坐标为整数。

（7）拟合直线或曲线的线条务必匀、细、光滑。不通过图线的数据点应匀称地分布在图线的两侧，且尽量靠近图线。

（8）在实验报告的图纸中，应写上实验名称、图名、姓名、日期。图纸上的中英文字及数字等均须书写端正。

以上规则是针对用手工做图的。当然也可以借助计算机做图，则有些规则（如数据点在符号的中心，线条匀、细、光滑，书写端正等）是自动满足的。虽然计算机可以任意取比例，使曲线（或直线）充满图纸，但实验做图时不宜采用这种方法。两标度线间的量值变化仍应取1、2、5及其十进倍率等为佳，因为只有这样，才易于使用者读图。

三、拟合

若两物理量 x、y 满足线性关系,并由实验等精度地测得一组数据$(x_i,y_i;i=1,2,\cdots,n)$,如何做出一条能最佳地符合所得数据的直线,以反映上述两变量间的线性关系呢?除了用做图法进行拟合外,常用的还有最小二乘法。

最小二乘法认为:若最佳拟合的直线为 $y=f(x)$,则所测各 y_i 值与拟合直线上相应的各估计值$\hat{y}=f(x_i)$之间的偏差的平方和为最小,即

$$s=\sum_{i=1}^{n}(y_i-\hat{y}_i)^2\to\min(极小)\qquad(2.12)$$

因为测量总是有不确定度存在,所以在 x_i 和 y_i 中都含有不确定度。为讨论简便起见,不妨假设各 x_i 值是准确的,而所有的不确定度都只联系着 y_i。这样,如由$\hat{y}=f(x_i)$所确定的值与实际测得值 y_i 之间的偏差平方和最小,也就表示最小二乘法所拟合的直线是最佳的。

一般地,可将直线方程表示为:$y=kx+b$

其中 k 是待定直线的斜率;b 是待定直线的 y 轴截距。如果设法确定这两个参数,该直线也就确定了,所以解决直线拟合的问题也就变成由所给实验数据组(x_i,y_i)来确定 k、b 的过程。将上式代入(2.12)得

$$s(k,b)=\sum_{i=1}^{n}(y_i-kx_i-b)^2\to\min\qquad(2.13)$$

所求的 k 和 b 应是下列方程组的解,

$$\begin{cases}\dfrac{\partial s}{\partial k}=-2\sum_{i=1}^{n}(y_i-kx_i-b)x_i=0\\[2mm]\dfrac{\partial s}{\partial b}=-2\sum_{i=1}^{n}(y_i-kx_i-b)=0\end{cases}$$

其中 $\sum\limits_{i=1}^{n}$ 表示对 i 从 1 到 n 求和。将上式展开,消去未知数 b,可得

$$k=\frac{l_{xy}}{l_{xx}}\qquad(2.14)$$

式中
$$\begin{cases}l_{xy}=\sum_{i=1}^{n}(x_i-\bar{x})(y_i-\bar{y})=\sum_{i=1}^{n}(x_iy_i)-\dfrac{1}{n}\sum_{i=1}^{n}x_i\sum_{i=1}^{n}y_i\\[3mm]l_{xy}=\sum_{i=1}^{n}(x_i-\bar{x})^2=\sum_{i=1}^{n}x_i^2-\dfrac{1}{n}\Big(\sum_{i=1}^{n}x_i\Big)^2\end{cases}\qquad(2.15)$$

将求得的 k 值代入方程组,可得

$$b=\bar{y}-k\bar{x}\qquad(2.16)$$

至此,所需拟合的直线方程 $y=kx+b$ 就被唯一地确定了。

由最终结果不难得到,最佳配置的直线必然通过$(\bar{x},\bar{y})$这一点,因此在做图拟合直线

时,拟合的直线必须通过该点。

为了检验拟合直线是否有意义,在数学上引入相关系数 r,它表示两变量之间的函数关系与线性函数的符合程度,具体定义为

$$r = \frac{l_{xy}}{\sqrt{l_{xx} \cdot l_{yy}}} \tag{2.17}$$

式中,l_{yy} 的计算方法与 l_{xx} 类似。r 的值越接近 1,表示 x 和 y 的线性关系越好;若 r 近于 0,就可以认为 x 和 y 之间不存在线性关系。

在物理实验中,相当多的情况是所测的两个物理量 x、y 之间的关系符合某种曲线方程,而非直线方程。这时,可对曲线方程做一些变换,引入新的变量,从而将不少曲线拟合的问题转化为直线拟合问题。

例如,曲线方程为 $y = ax^{\alpha}$,可将等式两边取自然对数,得 $\ln y = \alpha \ln x + \ln a$。再令 $Y = \ln y$,$X = \ln x$,$b = \ln a$,即可将幂函数转化成线性函数 $Y = \alpha X + b$。

又如,曲线方程为 $y = ae^{\alpha x}$,同样可将等式两边取自然对数,得 $\ln y = \alpha x + \ln a$。再令 $Y = \ln y$,$b = \ln a$,即可将指数函数转化成线性函数 $Y = \alpha x + b$。

现在许多计算器中有最小二乘法的直线拟合功能。只要输入 x 和 y 的数据组,即可得出斜率 k、截距 b 和相关系数 r;还可类似求得幂函数和指数函数中的 α 和 b。在实验的数据处理中,可利用计算器的这些功能,不必进行烦琐的计算。

练习题

1. 请按实验结果的正确表示法改正下列数据。

(1) 2.03 ± 0.0181。

(2) 0.006238 ± 0.0001。

(3) 20500 ± 400。

2. 试按有效数字运算规则计算下列各式(写出计算过程)。

(1) $2.00 \times 4.00 + 50.0 \times 1.00 + 20 \times 0.1$。

(2) $\dfrac{1}{(0.1000)^2} - \dfrac{1}{(0.5000)^2}$(其中被除数"1"为准确数)。

(3) $6.80 \times 10^3 - 20$。

(4) $\dfrac{(2.480 - 2.2) \times 5.989}{2.00}$。

(5) $2.500 \times 3.000 \times \left(1 + \dfrac{4}{500}\right)$(其中"1"为准确数)。

3. 用游标卡尺(不确定度限值 a 为 0.02mm)多次测量一试管的内径记录如表 2.3 所示。

表 2.3　试管内径记录

序　号	1	2	3	4	5	6	7	8	9	10
d/cm	2.422	2.430	2.424	2.418	2.422	2.426	2.418	2.424	2.426	2.426

试求 d 的平均值及其不确定度。

4. 在很好地消除了视差的条件下,用钢尺(分度值为 1mm,不确定度限值为 0.10mm)测量一物体的长度 l。读得一端读数为 $l_1 = 15.52$cm,另一端读数为 $l_2 = 5.00$cm,试求 l 及其不确定度 $u(l)$。

5. 设:$H \pm u(H) = 3.20 \pm 0.2$,$G \pm u(G) = (2.00 \pm 0.01) \times 10^2$。

(1) 若 $x = \dfrac{H}{G}$,求:$x \pm u(x)$。

(2) 若 $y = \dfrac{H}{G} - F$(其中 $F = 150$ 为准确值),求:$y \pm u(y)$。

6. 由单摆实验得到如表 2.4 的测量数据,请按做图规则做直线图,根据直线斜率求重力加速度。

表 2.4　测量数据

摆长 L/cm	61.5	71.2	81.0	89.5	95.5
周期 T^2/s^2	2.468	2.877	3.262	3.618	3.861

(提示:原点可取为 $L = 60$cm,$T^2 = 2.4\text{s}^2$。)

第三章　基础型实验

实验 3.1　长度的测量

长度是三个力学基本量之一。测量长度的仪器,不仅在生产和科学实验等领域中被广泛地应用,而且这些基本量的测量方法是测量其他物理量的基础。许多物理量(温度、压力、各种电学量和光强等光学量)的测量。最终都是转化成长度或刻度而进行读数或者计量的,例如,各种指针式仪表,实质上是将被测量转化为弧度线长度的测量。总之,科学实验中的测量大多数归结为长度的测量。因此,长度的测量是一切测量的基础,是最基本的物理量的测量之一。

【实验目的】

(1) 掌握米尺、游标卡尺、螺旋测微计、读数显微镜的测量原理和使用方法。
(2) 学习一般测长仪器的读数规则。
(3) 熟悉有效数字的基本概念。

【实验仪器】

米尺、游标卡尺、螺旋测微计、读数显微镜及待测物体。

【实验原理】

长度是最基本的物理量之一。长度的测量方法有很多,例如,有时可以用米尺、游标卡尺等工具直接测量物体长度,有时要采用干涉法或其他一些办法测量。测量方法的选用要根据对测量精度的要求来定。下面对几种基本的测长工具进行介绍。

1. 米尺

米尺的最小分度为 1mm。因此,毫米的后一位只能估读。一般来说,读取的数据的最后一位应该是读数随机误差所在位,这是仪器读数的一般规律。用米尺测量长度,应该读到毫米的下一位。

使用米尺测量长度时应该注意:

避免视差,应该使米尺刻度贴近被测物体,并且观测方位要合适。

避免因米尺端点磨损带来误差,为此测量时起点可不从端点开始。

避免因米尺刻度不均匀带来的误差,可取米尺不同位置作起点进行多次测量。

2. 游标原理及游标卡尺

为了提高长度测量的估读精度,常用游标原理将米尺进行改进。游标(V)即是在主尺旁加装的一个可以相对于主尺滑动的副尺,如图 3.1 所示。一般说来,游标 V 是将主尺的 $(n-1)$ 个分格分成为 n 等份(称为 n 分游标)。如果主尺的一分格宽为 x,则游标一分格宽为 $\frac{n-1}{n}x$,二者的差 $\Delta l=\frac{x}{n}$ 是游标尺的分度值,如图 3.2 所示。

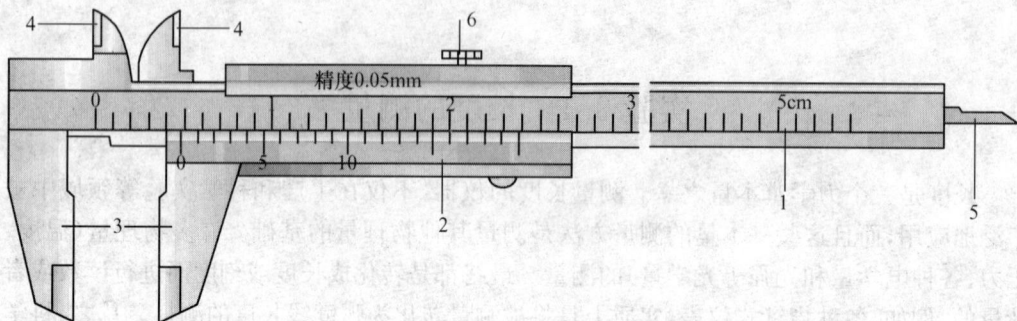

图 3.1　游标卡尺

1. 主尺;2. 游标尺;3. 外测量爪;4. 内测量爪;5. 深度尺;6. 紧固螺丝

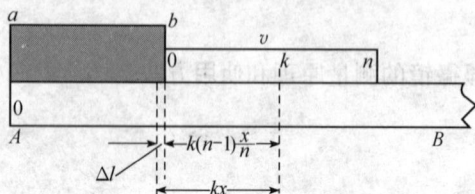

图 3.2　游标原理

使用 n 分度游标测量时,如果是游标的第 k 条线与主尺某一刻线对齐,则所求的 Δl 值等于,$\Delta l=kx-k(n-1)\dfrac{x}{n}=k\dfrac{x}{n}$,即 Δl 等于游标尺的分度值 $\left(\dfrac{x}{n}\right)$ 乘以 k。所以使用游标尺时,先要明确其分度值。一般实用的游标有 n 等于 10、20 和 50 三种,其分度值即精密度分别为 0.1mm、0.05mm 和 0.02mm。

使用游标卡尺测量时,读数分为两步:

(1) 从游标零线的位置读出主尺的整格数。

(2) 根据游标上与主尺对齐的刻线读出不足一分格的小数,二者相加就是测量值。

另外使用游标卡尺测量时,要注意校正零点。即在测量前,将量爪合拢检查游标上的"0"线与主尺上的"0"线是否重合,如果不重合,应记下零点读数,以备测量时对结果进行修正。

在使用游标卡尺时,要特别注意保护量爪。测量时,只要把物体轻轻卡住即可,尤其不允许把夹紧的物体乱摇动,以免损坏量刃。

3. 螺旋测微原理及螺旋测微计

螺旋测微计如图 3.3 所示。

螺旋每转一周将前进(或后退)一个螺距。对于螺距为 x 的螺旋,如果转 $\frac{1}{n}$ 周,螺旋将移动 $\frac{x}{n}$,设一螺旋的螺距为 0.5mm,当它转动 $\frac{1}{50}$ 周时,螺旋将移动 $\frac{0.5}{50}$mm＝0.01mm,若转动 $3+\frac{24}{50}$ 周时,螺旋将移动 3×0.5mm＋$\frac{24}{50}\times0.5$mm＝1.5mm＋0.24mm＝1.74mm。

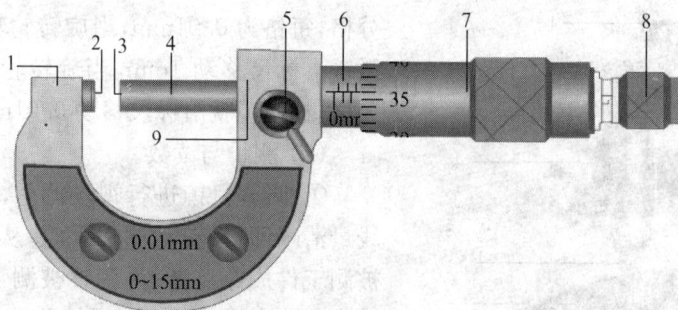

图 3.3　螺旋测微计
1. 尺架；2、3. 测砧；4. 测微螺杆；5. 制动栓；6. 固定套管；7. 微分筒；8. 棘轮；9. 螺母套管

因此借助螺旋的转动,将螺旋的角位移转变为直线位移可进行长度的精密测量。这样的测微螺旋广泛应用于精密测量长度的工作中。

实验室中常用的螺旋测微计的量程为 25mm,仪器精密度 0.01mm,即千分之一厘米,所以又称为千分尺。图中 A 为测杆,它的一部分加工成螺距为 0.5mm 的螺纹,当它在固定套管 D 的螺套中转动时,将前进或后退,活动套管 C 和螺杆 A 连成一体,其周边等分为 50 个分格。螺杆转动的整圈数由固定套管上间隔 0.5mm 的刻线去测量,不足一圈的部分由活动套管周边的刻线去测量。所以用螺旋测微计测量长度时,读数分为两步:

(1) 从活动套管的前沿在固定套管上的位置,读出整圈数。

(2) 从固定套管上的横线所对活动套管上的分格数,读出不到一圈的小数。

二者相加就是测量值。另外在测量之前要记录螺旋测微计零点的读数,每次测量之后要对测量数据做零点修正。图 3.4 表示两个零点读数的例子,要注意它们的符号不同,每次测量之后,要从测量值的平均值中减去零点读数。

使用螺旋测微计测量时,要注意(1)防止读错整圈数,如图 3.5 所示(b)比(a)多一圈,读数相差 0.5mm(c)的整圈数是 3 而不是 4,读数为 1.978mm,而不是 2.478mm。(2)螺旋测微计的尾端有一棘轮装置 B,测量时,应该缓慢转动棘轮旋柄,使螺杆前进,只要听到发出喀喀声,即可读数。不要直接转动活动套管夹住物体,以免用力过大,夹得太紧,影响测量结果,甚至损坏仪器。这是使用螺旋测微计必须注意的问题。

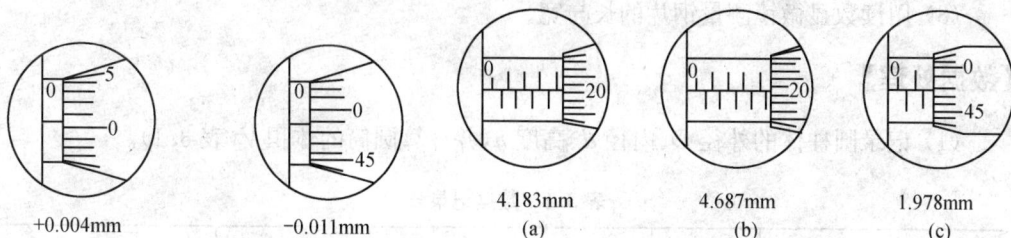

+0.004mm　　　　-0.011mm

图 3.4　千分尺零点校正

4.183mm　　　4.687mm　　　1.978mm
(a)　　　　　(b)　　　　　(c)

图 3.5　千分尺读数

4. 读数显微镜(图 3.6)

(1) 原理。测微螺旋螺距为 1mm(即标尺分度),在显微镜的旋转轮上刻有 100 个等

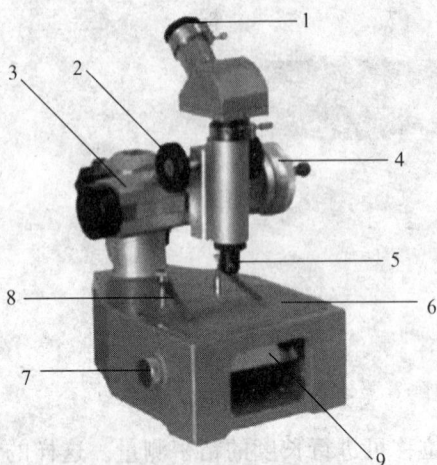

图 3.6　读数显微镜

1. 目镜；2. 调焦手轮；3. 标尺；4. 旋转轮；5. 物镜；6. 台面玻璃；7. 反光镜调节转轮；8. 弹簧压片；9. 反光镜

分格，每格为 0.01mm，当旋转轮转动一周时，显微镜沿标尺移动 1mm，当旋转轮旋转过一个等分格，显微镜就沿标尺移动 0.01mm。

(2) 测量与读数。

① 调节目镜进行视场调整，使显微镜十字线最清晰即可；转动调焦手轮，从目镜中观测使被测工件成像清晰；可调整被测工件，使其被测工件的一个横截面和显微镜移动方向平行。

② 转动旋转轮可以调节十字竖线对准被测工件的起点，在标尺上读取毫米的整数部分，在旋转轮上读取毫米以下的小数部分。两次读数之和是此点的读数 A。

③ 沿着同方向转动旋转轮，使十字竖线恰好停止于被测工件的终点此次读数 A'，记下此值所测量工件的长度即 $L = |A - A'|$。

注意事项

(1) 在松开每个锁紧螺丝时，必须用手托住相应部分，以免其坠落和受冲击；不要超出可调节范围。

(2) 被测量长度放置方向平行于显微镜移动的方向，测量不要超出标尺的范围。

(3) 注意防止回程误差，由于螺丝和螺母不可能完全密合，螺旋转动方向改变时它的接触状态也改变，两次读数将不同，由此产生的误差叫回程误差。

【实验内容】

(1) 用游标卡尺测圆筒的体积。

(2) 用螺旋测微器测量小钢球直径。

(3) 用读数显微镜测量钢片的长与宽。

【数据处理】

(1) 记录圆柱体的外径 D、内径 d、高度 h，并计算圆筒的体积 V(表 3.1)。

表 3.1　数据记录表

测量项 测量次数	D/mm	$\bar{D}$/mm	d/mm	$\bar{d}$/mm	h/mm	$\bar{h}$/mm	V/mm³
1							
2							
3							
4							

（2）小钢球的直径。千分尺的零点读数：_____ mm（表 3.2）。

表 3.2　数据记录表

次数	1	2	3	4	5	平均值
直径/mm						

（3）测量钢片的长与宽（表 3.3）。

表 3.3　钢片长宽数据

次数	1	2	3	4	平均值
长/mm					
宽/mm					

自行计算测量的不确定度并正确表示出结果。

【思考题】

（1）何谓仪器的分度数值？米尺、20 分度游标卡尺和螺旋测微器的分度数值各为多少？如果用它们测量一个物体约 7cm 的长度，问每个待测量能读得几位有效数字？

（2）游标刻度尺上 30 个分格与主刻度尺 29 个分格等长，这种游标尺的分度数值为多少？

实验 3.2　物质密度的测定

密度是表征物质特性的物理量。在科学技术大力发展的今天，对密度的测量几乎涉及到每个部门，应用相当广泛，它不仅与半成品、成品的数量与质量控制、检测有关，而且对加强及提高生产过程的计量管理水平、促进科学研究及国内外贸易的发展密切相关，因而不论从技术或经济观点上，密度计量测试都是必不可少的。

【实验目的】

（1）熟悉物理天平、比重瓶的使用方法。
（2）学习用流体静力称衡法测固体和液体的密度。
（3）掌握用比重瓶法测量液体的密度。

【实验仪器】

物理天平、烧杯、比重瓶、待测固体、待测液体、蒸馏水等。

【实验原理】

密度表示物质单位体积内所具有的质量，不同的物质由于成分或组织结构不同而具有不同的密度，相同的物质由于所处的状态不同也具有不同的密度。物质通常有三态：固态、液态和气态。对不同的状态，我们选择不同的测量方法测其密度。

若物体的质量为 m,所占有的体积为 V,则该物质的密度为

$$\rho = \frac{m}{V} \tag{3.1}$$

可见,测出物质质量 m 和体积 V 后,便可间接测得物质的密度。质量 m 可用天平测量,对于规则的固体,可测出它的外形尺寸,通过数学计算得到其体积。但是对于外形不规则的固体,因为计算它的体积比较困难,所以需采用其他方法测其密度。

1. 流体静力称衡法测量不规则固体密度

根据阿基米德原理:物体在液体中所受到的浮力等于物体排开液体的重量。

取待测固体(比如一钢块),用天平称量,在空气中称得天平相应砝码质量为 m;将物体完全浸入但悬浮在水中,称得相应砝码质量为 m_1,根据阿基米德原理可得

$$mg - m_1 g = \rho_0 g V \tag{3.2}$$

式中,ρ_0 为水的密度;V 为物体的体积即排开水的体积。

将(3.1)式代入式(3.2)可得

$$\rho = \frac{m}{m - m_1} \rho_0 \tag{3.3}$$

若待测物体密度 $\rho' < \rho_0$(比如石蜡),物体不能自行浸入水中,在单独测钢块得到 m_1 的基础上,将该物体(石蜡)与前述物体(钢块)拴在一起,分别按图 3.7 和图 3.8 进行两次称衡,得天平相应砝码质量分别为 m_3 和 m_4,则

$$\rho' = \frac{m_3 - m_1}{m_3 - m_4} \rho_0 \tag{3.4}$$

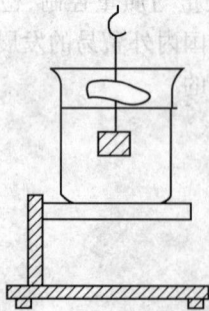

图 3.7 待测固体放入液体中   图 3.8 将石蜡和钢块同时放入液体中

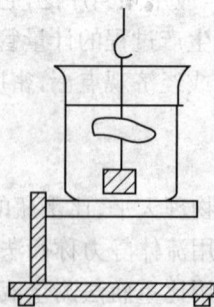

以上方法适用于浸入液体后其性质不发生变化的物体的测量。

2. 流体静力称衡法测量液体密度

在上述测量的基础上,将固体放入待测密度为 ρ'' 的液体中称衡质量为 m_2,则有

$$mg - m_2 g = \rho'' g V \tag{3.5}$$

将式(3.2)代入式(3.5)得

$$\rho'' = \frac{m - m_2}{m - m_1}\rho_0 \qquad\qquad (3.6)$$

3. 比重瓶法测量液体的密度

比重瓶的形状如图 3.9 所示瓶塞的中间有一个毛细管,当比重瓶装满液体后,塞紧瓶塞,多余的液体就从毛细管溢出,从而保证比重瓶内液体的体积固定不变。比重瓶的容积即为待测液体的体积。比重瓶的容积可以用已知密度的液体测出。

方法为:先测出空比重瓶的质量 m_0;再测比重瓶装满待测液体后的质量 m_1;将待测液体倒出,再装满已知密度为 ρ_0 的液体,并测出其质量为 m_2;则待测液体的密度为

$$\rho = \frac{m_1 - m_0}{m_2 - m_0}\rho_0 \qquad (3.7)$$

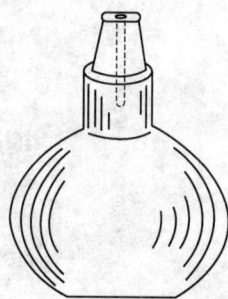

图 3.9　比重瓶

4. 比重瓶法测量固体小颗粒的密度

用比重瓶测量不溶于液体的小块固体(大小要能放入瓶内)的密度 ρ 时,可依次称出待测固体在空气中的质量 m_1,装满纯水的比重瓶和纯水的总质量 m_3 以及装满纯水的比重瓶内投入小块固体的总质量 m_4,显然

$$m_1 + m_3 - m_4 = \rho_0 V$$

式中,V 为投入瓶内小块固体的总体积,ρ_0 是已知液体的密度。考虑到 $m_1 = \rho V$,ρ 是待测固体的密度,所以 $\dfrac{m_1}{m_1 + m_3 - m_4} = \dfrac{\rho}{\rho_0}$,即密度为

$$\rho = \frac{m_1}{m_1 + m_3 - m_4}\rho_0 \qquad\qquad (3.8)$$

【实验仪器】

在实验中,常用物理天平来称衡物体的质量,现介绍如下:

1. 仪器描述

物理天平的构造如图 3.10 所示。天平的横梁上装有三个刀口,中间刀口安置在支柱顶端的玛瑙刀垫上,作为横梁的支点,两侧刀口上各悬挂一秤盘。横梁下面装有一读数指针。当横梁摆动时,指针尖端就在支柱下方的标尺前摆动。支柱下端的制动旋钮可以使横梁上升或下降,横梁下降时,制动架就会把它托住,以保护刀口。横梁两端的两个平衡螺母是天平空载时调平衡所用。

每台物理天平都配有一套砝码。因为 1g 以下的砝码太小,用起来很不方便,所以在横梁上附有可以移动的游码。支柱左边的杯托盘可以托住不被称衡的物体。

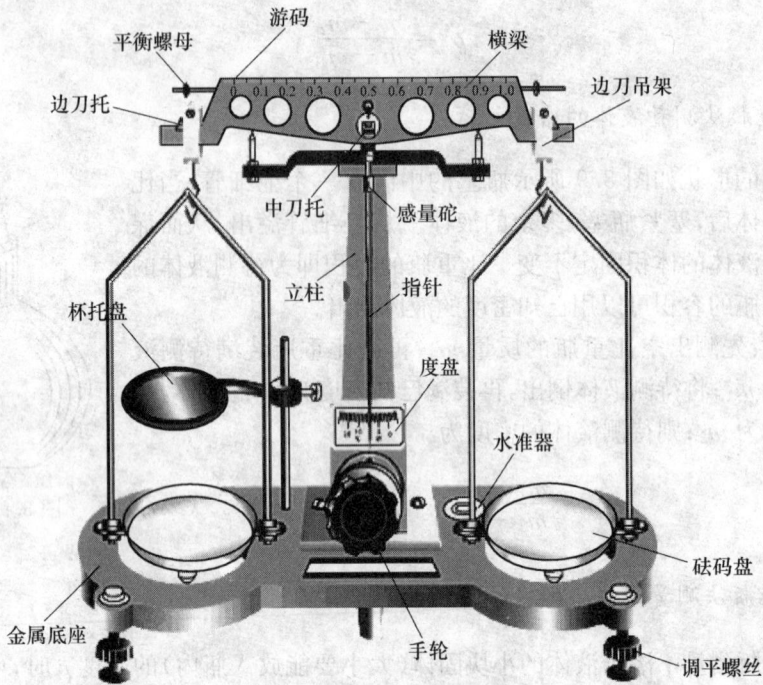

图 3.10　物理天平

2. 物理天平的操作步骤

(1) 调水平。调整天平的底脚调平螺丝,使底盘上圆形水准器的气泡处于中心位置(有的天平是使铅锤和底盘上的准钉正对),以保证天平的支柱垂直,刀垫水平。

(2) 调零点。先观察各部位是否正确,例如,托盘是否挂在刀口上。然后要调准零点。即先将游码置于横梁左端零线处,启动天平(即支起横梁),观察指针是否停在中央处(或左右小幅度摆动不超过一分格时是否等偏)。若不平衡,先制动天平,调节平衡螺母,反复数次,调至横梁成水平,制动后待用。

(3) 称衡。将待测物体放在左盘,用镊子取砝码放在右盘,增减砝码、游码,使天平平衡。

(4) 将制动旋钮向左旋动,放下横梁制动天平,记下砝码和游码读数。把待测物从盘中取出,砝码放回盒中,游码放回零位,最后把称盘架上刀垫摘离刀口,将天平完全复原。

3. 使用物理天平必须遵守以下规则

(1) 天平的负载不能超过其最大称量。

(2) 在调节天平、取放物体、取放砝码(包括游码)以及不用天平时,都必须将天平制动,以免损坏刀口。只有在判断天平是否平衡时才能启动天平。天平启动、制动时动作要轻,制动时最好在天平指针接近标尺中线刻度时进行。

(3) 待测物体和砝码要放在秤盘正中。砝码不许用手直接拿取,只准用镊子夹取。称量完毕,砝码必须放回盒内一定位置,不得随意乱放。

（4）称衡后，一定要检查横梁是否落下，两秤盘的吊挂是否摘离刀口，挂于横梁刀口内侧，砝码是否按顺序放回原处。

【实验内容】

1. 用流体静力称衡法测量固体和液体密度

（1）测量钢块的密度。

① 用天平称量钢块在空气中的质量 m。

② 用天平称量钢块在水中的质量 m_1，室温下纯水的密度 ρ_0 可由附表查出（注意：物体完全浸入但悬浮在水中时不要接触杯子）。由式（3.3）可算出钢块的密度 $\rho_钢$。

（2）测量石蜡的密度。因石蜡密度较小，不能自行浸入水中，故将石蜡与钢块拴在一起，分别按图 3.1 和图 3.2 进行两次称衡，得天平相应砝码质量分别为 m_3 和 m_4。由式（3.4）可以算出石蜡的密度 $\rho_蜡$。

（3）测量液体的密度。用天平称量钢块在待测液体中的质量 m_2，由式（3.6）可以算出待测液体的密度 $\rho_液$。

（4）计算不确定度，写出测量结果。

2. 用比重瓶法测量液体的密度

（1）首先将比重瓶内外洗净，且内外烘干，测出空比重瓶的质量 m_0。

（2）将比重瓶装满待测液体，塞紧瓶塞，使待测液体充满到瓶塞顶端，用吸水纸吸干溢到瓶外的液体，测出比重瓶装满待测液体后的质量 m_1。

（3）将待测液体倒出，再次将比重瓶内外洗净，且内外烘干。再装满已知密度为乱的液体，且塞紧瓶塞，使液体充满到瓶塞顶端；用吸水纸吸干溢到瓶外的液体，测出比重瓶装满已知液体后的质量 m_2。

（4）用公式（3.7）可以算出待测液体的密度。

（5）推出相对不确定度 E 的表达式，写出测量结果。

3. 用比重瓶测量固体小颗粒的密度

实验步骤和数据表格自拟。

4. 误差分析

用流体静力称衡法确定固体的体积，是用质量的测量代替体积的测量，其方法可以不受物体形状的限制，凡在所选用的液体中不发生性质变化的物体均可用此方法。但是，用天平测量物体质量的误差是来自多方面的因素，例如，天平不等臂、砝码的误差、天平灵敏度的限制等。天平的估读误差（即由于视差及天平指针指示灵敏程度的限制造成的示值偏差）为 $\pm 0.02 \times 10^{-3} \text{kg}$。另外，测固体密度时悬线越细，浸入液体部分越少越好，且不吸附液体的金属线或尼龙线比棉线要好。可见，引起误差的原因很多，实验中应仔细分析，找到解决的办法。

【数据处理】(表 3.4,表 3.5)

表 3.4　流体静力称衡法测量固体和液体的密度

天平型号(　　　)分度值(　　　)仪器误差(　　　)

测量内容	测量值/g
钢块在空气中的质量(m)	
钢块在水中的质量(m_1)	
钢块在待测液体中的质量(m_2)	
钢块在水中石蜡在水外时的质量(m_3)	
钢块和石蜡都在水中时的质量(m_4)	

表 3.5　比重瓶法测量液体的密度

测量内容	测量值/g
空比重瓶的质量(m_0)	
装满待测液体的质量(m_1)	
装满已知液体的质量(m_2)	

测量结果:

$$E = \frac{\Delta \rho'}{\rho'} = \underline{\qquad}; \rho' \pm \Delta \rho' = \underline{\qquad}。$$

【思考题】

(1) 使用天平进行测量前应先做哪些调节? 使用过程中有哪些注意事项? 如何消除天平的不等臂误差? 如何保护天平的刀口?

(2) 用流体静力称衡法、比重瓶法测量物体密度的原理各是什么? 两种方法各有什么优点和缺点?

(3) 试分析相对误差是否在仪器造成的误差范围之内。

(4) 假如某待测固体能溶于水,但却不能溶于某种液体,若用比重瓶法测量该固体的密度。应如何进行测量?

实验 3.3　气垫导轨上的实验二项

在物理力学实验中,由于摩擦的存在,往往使测量误差很大,甚至使某些物理实验无法进行。气垫导轨就是为消除摩擦而设计的力学实验仪器。它利用从导轨表面的小孔喷出的压缩气体,使导轨表面与滑块之间形成一层很薄的"气垫",将滑块浮起,这样,滑块在导轨表面的运动几乎可看成是无摩擦的,这就减少了力学实验中摩擦力带来的误差,提高了实验的准确度;再配上先进、准确的光电计时装置,使实验值更接近理论值。近年来,气垫技术在交通运输、机械等工业部门得到了一些实际应用,如气垫船、空气轴承等。这些气垫装置的应用可以提高系统运行速度,减少机械磨损,延长使用寿命。

1. 气垫导轨简介

气垫导轨由导轨、滑块、光电门和气源组成,如图 3.11 所示。

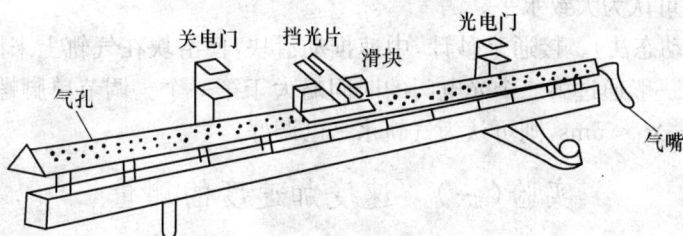

图 3.11 气垫导轨

(1) 导轨:由长 1.5～2m 的三角形中空铝型材制成的。轨面上两侧各有两排直径为 0.4～0.6mm 的喷气孔。导轨一端装有进气嘴,当压缩空气进入管腔后,就从小孔喷出,在导轨和滑块之间形成 0.05～0.20mm 厚的空气层,即气垫,依靠这层气垫和大气的压差将滑块托起,使滑块在气轨上作近似无摩擦的运动。导轨两端有缓冲弹簧,一端安有滑轮。整个导轨安在钢梁上,其下有三个用以调节导轨水平的底脚螺丝。

(2) 滑块:用三角铝材制成,其两侧内表面和导轨面精确吻合,滑块两端装有缓冲弹簧,其上面可安置挡光片或附加重物。

(3) 光电门:由聚光灯泡和光电管组成,立在导轨的一侧。光电管与数字毫秒计相接。当有聚光灯泡的光线照到光电管上时,光管电路导通;这时如挡住光路,光电管为断路,通过数字毫秒计门控电路,输出一脉冲使数字毫秒计开始或停止计时。滑块上的挡光片在光电门中通过一次,数字毫秒计将显示从开始计时到停止计时相应的时间 t。

如果相应的挡光片宽度为 d,则可得出滑块通过光电门的平均速度 $v=\dfrac{d}{t}$ 其中 d 是挡光片第一前沿到第二前沿的距离,如图 3.12 所示。

(4) 数字毫秒计:一种精密的电子计时仪器。计时过程是:当滑块上的挡光片前缘刚挡光时开始计时,当挡光片再次挡光时停止计时。

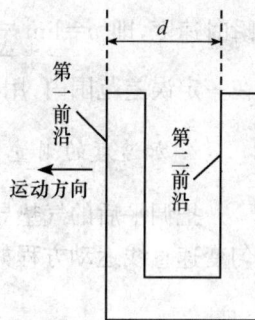

图 3.12 挡光片

2. 气垫导轨使用注意事项

(1) 气垫导轨的轨面不许敲、碰,如果有灰尘污物,可用棉球蘸酒精擦净。

(2) 滑块内表面光洁度很高,严防划伤,更不容许掉在地上。

(3) 在导轨未通气的情况下,禁止将滑块放在导轨上滑动。

(4) 及时关闭气源,防止气源和导气管过热。实验完毕后,先从气轨上取下滑块,再关气源,以避免划伤气轨。

3. 气垫导轨的调节

(1) 粗调(静态法)。打开气源把滑块在气轨中央静止释放,观察滑块是否停在原处不动。若总往一处滑动,则气轨倾斜,调节单脚螺钉,直到滑块保持不动或稍有滑动,但无一定方向性,即可认为大致水平。

(2) 细调(动态法)。接通毫秒计,中速推动滑块,使滑块在气轨上来回运动,由于空气阻力的存在,一般通过第二个光电门的时间略大于第一个。调节单脚螺钉,使滑块左、右运动时,$\Delta t_2 - \Delta t_1 < 5\text{ms}$,则可认为气轨水平已调好。

实验(一)　速度加速度的测量

【实验目的】

(1) 了解气垫导轨的工作原理。

(2) 学习用气垫导轨测量滑块的平均速度、瞬时速度和加速度。

【实验仪器】

气垫导轨、滑块、光电门、数字毫秒计、游标卡尺。

【实验原理】

1. 平均速度和瞬时速度的测量

做直线运动的物体在 Δt 时间内的位移为 Δs,则物体在 Δt 时间内的平均速度为 $\bar{v} = \dfrac{\Delta s}{\Delta t}$,当 $\Delta t \rightarrow 0$ 时,平均速度趋近于一个极限,即物体在该点的瞬时速度。我们用 v 来表示瞬时速度,即 $v = \lim\limits_{\Delta t \to 0} \dfrac{\Delta s}{\Delta t} = \dfrac{\mathrm{d}s}{\mathrm{d}t}$。实验中直接用上式测量某点的瞬时速度是很困难的,一般在一定误差范围内,用极短的 Δt 内的平均速度代替瞬时速度。

2. 加速度的测量

把调平后的气垫导轨的一端重新垫高,此时滑块受一恒力,它将做匀变速直线运动。匀变速直线运动方程如下:

$$v = v_0 + at, \quad s = v_0 t + \frac{1}{2} at^2, \quad v_t^2 - v_0^2 = 2as$$

在斜面上物体从同一位置由静止开始下滑,若测得物体在两个光电门位置处的速度分别为 v_1 和 v_2,两个光电门之间的距离为 s,则加速度

$$a = \frac{v_2^2 - v_1^2}{2s} \tag{3.9}$$

若测出滑块从第一光电门加速到第二光电门的时间 Δt,则

$$a = \frac{v_2 - v_1}{\Delta t} \tag{3.10}$$

3. 重力加速度 g 的测量（图 3.13）

物体在光滑的斜面上下滑时，$a = g \cdot \sin\theta$，θ 为斜面倾角；设斜面的长与高分别为 l, h，则有

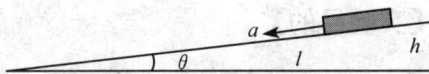

图 3.13　光滑斜面上的加速运动

$$a = g \cdot \sin\theta = \frac{g \cdot h}{l}$$

可得

$$g = \frac{a \cdot l}{h} \tag{3.11}$$

【实验步骤】

（1）调平导轨：分别用动态法和静态法将气垫导轨调平。

（2）匀变速直线运动中速度和加速度的测量

① 将导轨的一端垫高，使导轨成一斜面。

② 使滑块从距光电门 $x = 20.0\,\text{cm}$ 处自然下滑，做初速度为零的匀变速直线运动，记下滑块在两个光电门位置处的遮光时间 t_1 和 t_2，重复三次。

③ 分别用游标卡尺和米尺测出当管片的宽度 d 和两光电门间的距离 s。

④ 根据匀变速运动的规律求出滑块运动的速度和加速度。

⑤ 改变光电门间的距离 s，重复上述步骤 2～3 次，将数据记录表格。

⑥ 测出垫块的高度 h，及斜面的长 l，根据 $g = \dfrac{al}{h}$ 计算出重力加速度。

【数据处理】（表 3.6）

挡光片宽度：$d =$ _____ mm；斜面高：$h =$ _____ mm；斜面长：$l =$ _____ cm。

表 3.6　速度加速度测量数据记录表

s/cm	次数	t_1/ms	t_2/ms	$(t_1 - t_2)$/ms	v_1/(cm/s)	v_2/(cm/s)	$a = \dfrac{v_2^2 - v_1^2}{2s}$ /(cm/s²)	$a = \dfrac{v_2 - v_1}{\Delta t}$ /(cm/s²)	$\bar{a}$/(cm/s²)
	1								
	2								$\bar{a}_1$
	3								
	1								
	2								$\bar{a}_2$
	3								
	1								
	2								$\bar{a}_3$
	3								

平均值：$\bar{a} = (\bar{a}_1 + \bar{a}_2 + \bar{a}_3)/3 =$ _____ cm/s²。

重力加速度:$g=\dfrac{al}{h}=$ _____ cm/s².

实验(二)　动量守恒定律的验证

【实验目的】

(1) 验证动量守恒定律。

(2) 进一步熟悉气垫导轨、通用电脑计数器的使用方法。

(3) 用观察法研究弹性碰撞和非弹性碰撞的特点。

【实验仪器】

气垫导轨,电脑计数器,气源,物理天平等。

【实验原理】

如果某一力学系统不受外力,或外力的矢量和为零,则系统的总动量保持不变,这就是动量守恒定律。本实验中利用气垫导轨上两个滑块儿的碰撞来验证动量守恒定律的。在水平导轨上滑块儿与导轨之间的摩擦力忽略不计,则两个滑块儿在碰撞时除受到相互作用的内力外,在水平方向不受外力的作用,因而碰撞的动量守恒。例如,m_1 和 m_2 分别表示两个滑块儿的质量,以 v_1、v_2、v'_{10}、v'_{20} 分别表示两个滑块儿碰撞前后的速度,则由动量守恒定律可得

$$m_1 v_{10} + m_2 v_{20} = m_1 v'_{10} + m_2 v'_{20} \tag{3.12}$$

下面分别情况来进行讨论:

1. 完全弹性碰撞

弹性碰撞的特点是碰撞前后系统的动量守恒,机械能也守恒。如果在两个滑块儿相碰撞的两端装上缓冲弹簧,在滑块儿相碰时,由于缓冲弹簧发生弹性形变后恢复原状,系统的机械能基本无损失,两个滑块儿碰撞前后的总动能不变,可用公式表示

$$\frac{1}{2}m_1 v_{10}^2 + \frac{1}{2}m_2 v_{20}^2 = \frac{1}{2}m_1 v'^2_{10} + \frac{1}{2}m_2 v'^2_{20} \tag{3.13}$$

由式(3.12)和式(3.13)联合求解可得

$$\left. \begin{array}{l} v'_{10} = \dfrac{(m_1 - m_2)v_{10} + 2m_2 v_{20}}{m_1 + m_2} \\[3mm] v'_{20} = \dfrac{(m_2 - m_1)v_{20} + 2m_1 v_{10}}{m_1 + m_2} \end{array} \right\}$$

在实验时,若令 $m_1 = m_2$,两个滑块儿的速度必交换。若不仅 $m_1 = m_2$,且令 $v_{20} = 0$,则碰撞后 m_1 滑块儿变为静止,而 m_2 滑块儿却以 m_1 滑块儿原来的速度沿原方向运动起来。这与公式的推导一致。

若两个滑块儿质量 $m_1 \neq m_2$,仍令 $v_{20} = 0$,即

$$v'_{10} = \frac{(m_1 - m_2)v_{10}}{m_1 + m_2}$$

$$v'_{20} = \frac{2m_1 v_{10}}{m_1 + m_2}$$

实际上完全弹性碰撞只是理想的情况,一般碰撞时总有机械能损耗,所以碰撞前后仅是总动量保持守恒,当 $v_{20} = 0$ 时,

$$m_1 v_{10} = m_1 v'_{10} + m_2 v'_{20}$$

2. 完全非弹性碰撞

在两个滑块儿的两个碰撞端分别装上尼龙搭扣,碰撞后两个滑块儿粘在一起以同一速度运动就可成为完全非弹性碰撞。若 $m_1 = m_2$, $v_{20} = 0$, $v'_{10} = v'_{20} = v$,由式(3.12)得

$$v = \frac{1}{2} v_{10}$$

若两个滑块儿质量 $m_1 \neq m_2$,仍令 $v_{20} = 0$,则有

$$v = \frac{m_1}{m_1 + m_2} v_{10}$$

3. 恢复系数和动能比

碰撞的分类可以根据恢复系数的值来确定。所谓恢复系数就是指碰撞后的相对速度和碰撞前的相对速度之比,用 e 来表示

$$e = \frac{v'_{20} - v'_{10}}{v_{10} - v_{20}} \tag{3.14}$$

若 $e = 1$,即 $v_{10} - v_{20} = v'_{20} - v'_{10}$ 是完全弹性碰撞;若 $e = 0$,即 $v'_{20} = v'_{10}$ 是完全非弹性碰撞。此外,碰撞前后的动能比也是反映碰撞性质的物理量,在 $v_{20} = 0$, $m_1 = m_2$ 时,动能比为

$$R = \frac{1}{2}(1 + e^2) \tag{3.15}$$

若物体做完全弹性碰撞时,$e = 1$ 则 $R = 1$(无动能损失);若物体做非弹性碰撞时,$0 < e < 1$,则 $1/2 < R < 1$。

【实验内容】

1. 用弹性碰撞验证动量守恒定律

1)$m_1 = m_2$ 时的弹性碰撞

(1)连接和调试好仪器。

(2)把滑块儿1(在左)放在左光电门的外侧,滑块儿2放在两光电门之间靠近右面光电门的地方,让滑块儿2处于静止状态。

(3)把滑块儿1反向推动,让它碰后反弹回来通过左面光电门后再和滑块儿2发生碰撞,碰撞前的速度 v_{10} 由左光电门所记录的时间 Δt_1 反映出来。碰撞后 $v'_{10} = 0$,m_2 以 v_{10}

的速度运动,即 $v'_{20}=v_{10}$,m_2 的速度 v'_{20} 由右面光电门所记录的时间 $\Delta t'_{20}$ 反映出来。所以实验中要记录下经过左面光电门的遮光时间 Δt_1 和碰撞后经过右面光电门的遮光时间 $\Delta t'_{20}$ 即可验证在实验条件下的动量守恒。

(4) 用所测的碰撞前后的速度计算恢复系数和动能比。

(5) 改变碰撞时的速度 v_{10} 重复以上内容。

2) $m_1 \neq m_2$ 时的弹性碰撞

(1) 将一个滑块加上配重质量块,分别称其质量为 m_1 和 m_2。

(2) 在左光电门外侧放大滑块儿1,较小的滑块儿2放在两光电门之间。使 $v_{20}=0$,推动 m_1 使之与 m_2 相碰,测量较大的滑块儿在碰撞前经过光电门的遮光时间 Δt_{10},及碰撞以后 m_1、m_2 先后经过右面光电门的时间 $\Delta t'_{20}$、$\Delta t'_{10}$,由此计算出 v_0、v'_1、v'_2,便可验证在此实验条件下的动量守恒,即 $m_1 v_{10}=m_1 v'_{10}+m_2 v'_{20}$。

(3) 改变碰撞时的速度 v_{10} 重复以上内容。

2. 用完全非弹性碰撞验证动量守恒

(1) 较大的滑块儿1和较小的滑块儿2的两个碰撞端,分别装上尼龙搭扣,用天平称 m_1 和 m_2,使 $m_1=m_2$。

(2) 在左光电门以外的地方放一个滑块儿1,在两光电门之间靠近右光电门的地方放一个滑块儿2,并使 $v_{20}=0$,推动 m_1 使之与 m_2 相碰撞。碰撞后两个滑块儿粘在一起以同一速度运动就可成为完全非弹性碰撞,碰撞后速度 $v'_{10}=v'_{20}=v$。

(3) 记下滑块儿经过左光电门的遮光时间 Δt_{10} 及经过右光电门的遮光时间 $\Delta t'_{20}$,由此可以计算出碰撞前的速度 v_{10} 及碰撞后的速度 v'_{10},在此实验条件上可验证 $v'_{10}=1/2 v_{10}$。

(4) 改变弹性碰撞的速度 v_{10},重复多次测量。

(5) 用碰撞前后的速度算一下恢复系数和动能比。

【数据处理】(表 3.7)

表 3.7　$m_1=m_2$ 时的弹性碰撞数据记录

m_1/g	m_1/g	d_1/cm	d_1/cm	$\Delta t_1/\text{ms}$	$v_{10}/(\text{cm}\cdot\text{s}^{-1})$	$\Delta t'_{20}/\text{ms}$	$v'_{20}/(\text{cm}\cdot\text{s}^{-1})$

＊其他数据记录表格请自拟。

对上述两种碰撞情况下所测数据进行处理,计算出碰撞前和碰撞后的总动量,并通过比较得出动量守恒的结论。

【思考题】

（1）在弹性碰撞情况下，当 $m_1 \neq m_2$，$v_{20} = 0$ 时，两个滑块儿碰撞前后的动能是否相等？如果不完全相等，试分析产生误差的原因。

（2）为了验证动量守恒定律，应如何保证实验条件减少测量误差？

实验 3.4　杨氏模量的测量

任何物体在外力作用下都会发生形变，当形变不超过某一限度时，撤走外力之后，形变能随之消失，这种形变称为弹性形变。如果外力较大，当它的作用停止时，所引起的形变并不完全消失，而有剩余形变，这称为塑性形变。发生弹性形变时，物体内部产生恢复原状的内应力。弹性模量是反映材料形变与内应力关系的物理量，是工程技术中常用的参数之一。

【实验目的】

（1）学会用光杠杆放大法测量微小长度的变化量。

（2）学习测定金属丝杨氏弹性模量的一种方法。

（3）学习用逐差法处理数据。

【实验仪器】

杨氏弹性模量测量仪支架、光杠杆、砝码、千分尺、钢卷尺、标尺等。

【实验原理】

在形变中，最简单的形变是柱状物体受外力作用时的伸长或缩短形变。设柱状物体的长度为 L，截面积为 S，沿长度方向受外力 F 作用后伸长（或缩短）量为 ΔL，单位横截面积上垂直作用力 F 与截面积 S 之比称为正应力，物体的相对伸长量 $\Delta L / L$ 称为线应变。实验结果表明，在弹性范围内，正应力与线应变成正比，即

$$\frac{F}{S} = Y \frac{\Delta L}{L} \tag{3.16}$$

这个规律称为虎克定律。式中的比例系数 Y 称为杨氏弹性模量。在国际单位制中，它的单位为 $N \cdot m^{-2}$，在厘米克秒制中为 dyn/cm^2。它是表征材料抗应变能力的一个固定参量，完全由材料的性质决定，与材料的几何形状无关。

本实验是测钢丝的杨氏弹性模量，实验方法是将钢丝悬挂于支架上，上端固定，下端加砝码对钢丝施力 F，测出钢丝相应的伸长量 ΔL，即可求出 Y。钢丝的长度用钢卷尺测量，钢丝的横截面积 $S = \pi \cdot d^2 / 4$，直径 d 用千分尺测出，力 F 由砝码的重力求出。在实际测量中，由于钢丝伸长量 ΔL 的值很小，约 10^{-1}mm 数量级。因此 ΔL 的测量需要采用光杠杆放大法进行测量。

1. 光杠杆原理

光杠杆是根据几何光学原理设计而成的一种灵敏度较高的,测量微小长度或角度变化的仪器。它的装置如图 3.14(a)所示,是由一个可转动的平面镜固定在一个上形架上构成的。

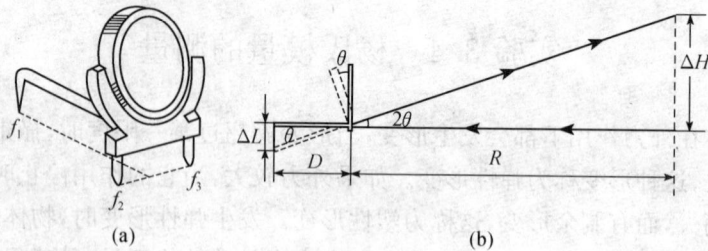

图 3.14　光杠杆

将一直立的平面反射镜装在一个三足支架的一端,镜尺装置如图 3.14(b)所示。它由一个与被测长度变化方向平行的标尺和尺旁的望远镜组成,望远镜水平地对准光杠杆镜架上的平面反射镜,平面反射镜与标尺的距离为 R。

测量时将后足 f_1 放在被测物体上,两前足 f_2、f_3 放在固定不动的平台上。当被测物体有微小长度变化时,f_1 足随着长度的变化而升降,平面镜也将以 f_2、f_3 为轴转动。设转过的角度为 θ,根据反射定律可知,平面镜的反射光线转过 2θ 角。此时由望远镜看到标尺示值为 n_1,从图 3.14(b)可知,当 θ 很小时,

$$\Delta L = D\sin\theta = D\left(\theta - \frac{\theta^3}{6} - \cdots\right) = D\theta\left(1 - \frac{\theta^2}{6} - \cdots\right)$$

$$\Delta H = n_1 - n_0 = R\tan 2\theta = R\left(2\theta - \frac{8\theta^3}{3} - \cdots\right) = 2R\theta\left(1 - \frac{4\theta^3}{3} - \cdots\right)$$

式中,D 为 f_1 到 f_2 与 f_3 连线的垂直距离,n_0 为未转动时标尺的示值。

当 θ 很小时,高次项略去,以上两式化简为

$$\Delta L = D\theta;\quad \Delta H = n_1 - n_0 = 2R\theta$$

由以上两式得

$$\Delta L = \frac{D\Delta H}{2R} \tag{3.17}$$

由式(3.17)可知,微小长度 ΔL 的变化可以通过 D、ΔH、R 这些容易测得的量间接得到。杠杆的作用是将微小长度变化 ΔL 放大为标尺上的相应位移 ΔH,ΔL 被放大了 $\frac{2R}{D}$ 倍。

2. 实验装置

实验装置如图 3.15 所示,三角底座上装有两个立柱和调整螺丝。欲使立柱铅直,可调节调整螺丝,并由立柱下端的水平仪来判断。金属丝的上端夹在横梁上的夹头中。立

柱的中部有一个可以沿立柱上下移动的平台,用来承托光杠杆。平台上有一个圆孔,孔中有一个可以上下滑动的夹头,金属丝的下端夹紧在夹头中,夹头的下端有一个挂钩,可挂砝码托,用来承托拉伸金属丝的砝码。装置平台上的光杠杆和望远镜就是用来测量微小长度的变化的实验装置。

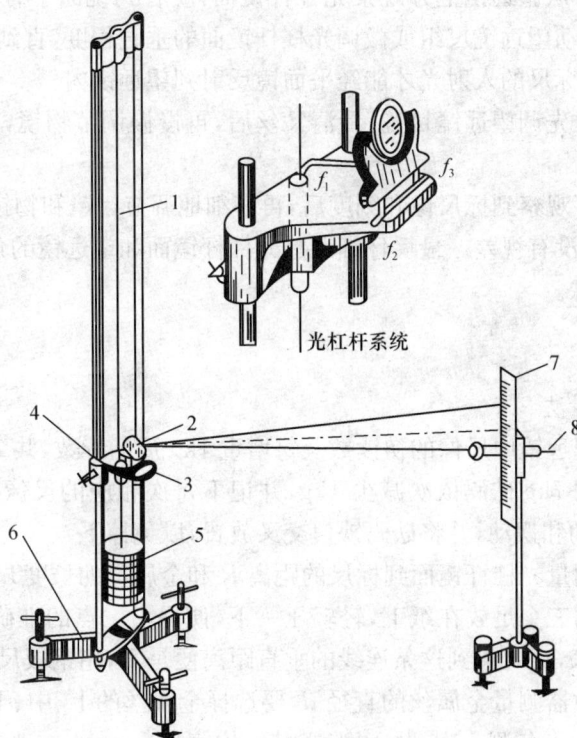

图 3.15 实验装置

1. 金属丝;2. 光杠杆;3. 平台;4. 挂钩;5. 砝码;6. 底座;7. 标尺;8. 望远镜

由式(3.16)可得 $Y = \dfrac{4FL}{\pi \cdot d^2 \Delta L}$ 其中 d 为金属丝的直径,再由式(3.18)可得

$$Y = \frac{8FLR}{\pi \cdot d^2 D \Delta H} \tag{3.18}$$

式中,F 为标尺刻度变化 ΔH 时相应的拉力。

【实验内容】

1. 杨氏模量仪的调整

(1) 调节杨氏模量仪三角底座上的调整螺丝,使立柱铅直。

(2) 将光杠杆放在平台上,两前足放在平台前面的横槽内,后足放在活动金属丝夹具上,但不可与金属丝相碰。调整平台的上下位置,使光杠杆前后足位于同一水平面上。

(3) 在砝码托上加 1~2kg 砝码,把金属丝拉直,检查金属丝夹具能否在平台的孔中上下自由地滑动。

2. 光杠杆及望远镜尺组的调节

(1) 外观对准。将望远镜和标尺放在离光杠杆镜面约为 1.5~2.0m 处,并使二者在同一高度。调整光杠杆镜面与平台面垂直。望远镜成水平,并与标尺垂直。

(2) 镜外找像。从望远镜上方观察光杠杆镜面,应看到镜面中有标尺的像。若没有标尺的像,可左右移动望远镜尺组或微调光杠杆镜面的垂直程度,直到能观察到标尺像为止。只有这时,来自标尺的入射光才能经平面镜反射到望远镜内。

(3) 镜内找像。先调望远镜目镜,看清叉丝后,再慢慢调节物镜,直到看清标尺上的刻度。

(4) 细调对零。观察到标尺像和刻度后,再仔细地调节目镜和物镜,使既能看清叉丝又能看清标尺像,且没有视差。最后仔细调整光杠杆镜面和望远镜的角度,观察清楚标尺零刻度附近刻度的像。

3. 测量

采用等增量测量法。

(1) 首先记下望远镜中尺像的初读数及每增重 1kg 后的读数,共 7 次。

(2) 再将所加的 7kg 砝码依次减少 1kg,并记下每次相应的尺像读数。注意加减砝码时勿使砝码托振动和摆动,并将砝码缺口交叉放置,以免掉下。

(3) 用钢卷尺测量光杠杆镜面到标尺的距离 R 和金属丝的长度 L。

(4) 将光杠杆的三个足放在纸上,轻轻压一下,便得出三点的准确位置,然后在纸上将前面两足尖连起来,后足尖到这条连线的垂直距离便是 D,用钢板尺测出 D。

(5) 用螺旋测微器测量金属丝的直径 d,要选择金属丝的上、中、下三处来测,每处都要在相互垂直的方向上各测一次,共六次,求其平均值。

4. 逐差法处理数据

本实验的直接测量是等间距变化的多次测量。实验中,每次增加重量为 1kg,连续增重 7 次,可读得 8 个标尺读数:$n_0, \cdots, n_7$,求其平均值,则

$$\Delta H = \frac{(n_1 - n_0) + (n_2 - n_1) + \cdots + (n_7 - n_6)}{7} = \frac{n_7 - n_0}{7}$$

可见,中间值全部抵消,只有始末两次测量值起作用,与增重 7kg 的单次测量等价。为了保持多次测量的优越性,通常可把数据分成两组,一组是 $n_0 \cdots n_3$;另一组是 $n_4 \cdots n_7$。取相应增重 4kg 的差值的平均值为

$$\Delta H = \frac{(n_4 - n_0) + (n_5 - n_1) + (n_6 - n_2) + (n_7 - n_3)}{4}$$

这种方法称为逐差法,其优点是能充分利用测量数据和减小相对误差,并还可以绕过一些具有定值的未知量,求出所需要的实验结果。

应该指出,用逐差法处理数据时,应具备以下两个条件:

① 函数可以写成 x 的多项式,即 $y = n_0 + n_1 x$ 或 $y = n_0 + n_1 x + n_2 x^2$。

② 自变量 x 是等间距变化的。这也是逐差法的局限性。

【数据处理】(表 3.8)

表 3.8　测量钢丝的微小伸长量记录表

序号 i	砝码质量 m/kg	光标示值 n_i/cm			光标偏移量 $\Delta H = n_{i+4} - n_i/\text{cm}$	偏差 $\lvert \delta(\Delta H) \rvert$
		增荷时	减荷时	平均值		
0						
1						
2						
3						
4						
5					$\overline{\Delta H} =$ _____	$\overline{\delta(\Delta H)} =$ _____
6						
7						

钢丝微小伸长量的放大量的测量结果为 $\Delta H =$ _____ $\pm$ _____ cm(表 3.9)。

表 3.9　测量金属丝直径记录表

测量部位	上部		中部		下部		平均值
测量方向	纵向	横向	纵向	横向	纵向	横向	
d/mm							

不确定度：$\Delta d =$ _____ mm；测量结果：$d =$ _____ $\pm$ _____ mm。

单次测量 L、D、R 的值：$L =$ _____ $\pm$ _____ m；

$\qquad\qquad\qquad\qquad\quad D =$ _____ $\pm$ _____ m；

$\qquad\qquad\qquad\qquad\quad R =$ _____ $\pm$ _____ m。

将所得各量带入式(3.19)，计算出金属丝的杨氏模量，按不确定度传递公式计算出不确定度，并将测量结果表示成标准式 $Y = \overline{Y} \pm \overline{\Delta Y} =$ _____ $\pm$ _____ Nm^{-2}。

【思考题】

(1) 两根材料相同，但粗细、长度不同的金属丝，它们的杨氏弹性模量是否相同？

(2) 光杠杆有什么优点？怎样提高光杠杆的灵敏度？

(3) 在实验中，如果要求测量的相对不确定度不超过 5%，试问，钢丝的长度和直径应如何选取？标尺应距光杠杆的反射镜多远？

(4) 是否可以用做图法求杨氏弹性模量？如果以所加砝码的个数为横轴，以相应变化量为纵轴，图线应是什么形状？

实验 3.5　单摆法测定重力加速度

重力加速度是物理学中的一个非常重要的量，它从本质上反映了地球引力的强弱，它随着地球上各个地区的经纬度、海拔高度及地下资源的分布不同而略有不同。测定重力加速度的方法很多,单摆法和自由落体法是两种简单而常用的方法。用单摆法测定重力加速度必须考虑许多因素的影响,故本实验对分析能力和思维的训练有很大的意义。

【实验目的】

(1) 学习用单摆测重力加速度的方法。

(2) 研究单摆摆动周期丁与摆长 L 的关系。

【实验仪器】

单摆装置、米尺、秒表、游标卡尺。

【实验原理】

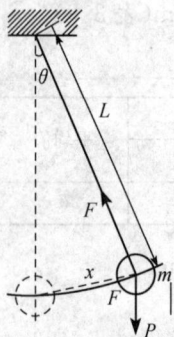

图 3.16　单摆原理

单摆亦称"数学摆",即它是实现数学摆的一种近似装置,由一根上端固定而不会伸长的细线(质量可以忽略不计)和在下端悬挂的一个可以当作质点(体积可以忽略)看待的小球组成。如图 3.16 所示,如果小球的质量比细线的质量大很多,而且细线的长度又比小球的直径大很多,则此装置可以看作是单摆。

单摆往返摆动一次所需的时间称为单摆的周期。下面我们推导单摆的周期公式。

图 3.16 中摆角 θ 很小($\leqslant 5°$),P 是摆锤受到的重力,F' 是绳子的张力,若不计空气阻力,摆锤所受合力 F 是 P 和 F' 的合力。F 的方向永远指向平衡位置。设摆锤离开平衡位置的位移为 X,其方向始终由摆锤的平衡位置指向摆锤,则 X 的方向始终与 F 的方向相反。

因 $\theta \leqslant 5$,故有

$$F = -mg\sin\theta$$

$$\sin\theta = \frac{x}{L}$$

所以

$$F = -mg\left(\frac{x}{L}\right)$$

由牛顿第二定律

$$F = m\left(-g\frac{x}{L}\right)$$

可得

$$\frac{\mathrm{d}^2 x}{\mathrm{d}t^2} = -\frac{g}{L}x \tag{3.19}$$

这是一常系数的二阶微分方程,若令 $\omega^2 = \frac{g}{L}$ 代入式(3.19)可得

$$\frac{\mathrm{d}^2 x}{\mathrm{d}t^2} + \omega^2 x = 0$$

解得

$$x = A\cos(\omega t + \varphi)$$

可见单摆的运动符合简谐振动的方程。A 为振幅，ω 为圆频率，从而可以得出振动的周期为

$$T = \frac{2\pi}{\omega} = 2\pi\sqrt{\frac{L}{g}} \tag{3.20}$$

注意：式(3.20)是在 $\sin\theta = \frac{x}{L}$ 的情况下得出的。否则，周期是摆角的非线性函数。由式(3.20)可知，只要测出单摆的周期 T 和摆长 L，便可计算出重力加速度 g。

$$g = 4\pi^2 \frac{L}{T^2} \tag{3.21}$$

式(3.21)中摆长 L 是从悬点到球心的距离。

当单摆的摆角 θ 较大时，单摆的振动周期 T 和摆角 θ 之间的关系近似为

$$T = 2\pi\sqrt{\frac{L}{g}}\left(1 + \frac{1}{4}\sin^2\frac{\theta}{2}\right) \tag{3.22}$$

如果测出对应于不同摆角 θ 的周期 T，算出相应的 $Y = \sin^2\left(\frac{\theta}{2}\right)$，做出 T-Y 曲线，便可检验式(3.22)。测量时，为了减小误差，提高测量准确度，必须注意以下几点：

（1）单摆公式成立的前提是忽略悬线质量，故悬线质量必须很小。

（2）公式中使用了 $\sin\theta = \frac{x}{L}$ 的近似条件，故 θ 越小，误差越小。

（3）悬线必须是"不会伸长"的，否则，单摆在摆动过程中，L 取值不定，公式失去意义。

（4）小球体积要足够小，以便满足质点模型，小球质量要足够大，否则空气浮力和气流对摆球的影响必须考虑进去。

实验中应尽量向理想条件靠近，对各种影响进行修正。

【实验内容】

1. 用单摆测重力加速度

（1）测量摆长。用米尺测量摆线长度 l，用游标卡尺测量小球直径 D，各测 4 次，取摆长 $L = l + \frac{D}{2}$。

（2）测量单摆周期。移动小球一个小角度（$\leqslant 5°$），使之摆动起来，测量摆动 50 个周期的时间 t，同样测量 4 次（表 3.10）。

表 3.10　测量周期和摆长

测量次数	50 个周期/s	摆线长/m	小球直径 D/m
1			
2			
3			
4			
平均值			

摆长：$L = l + \dfrac{D}{2} = $ _____ m。

周期：$T = \dfrac{t}{50} = $ _____ s。

重力加速度：$g = \dfrac{4\pi^2 L}{T^2} = $ _____ m/s²。

重力加速度的理论值：

$$g_{理} = 980.616 - 2.5928\cos\varphi + 0.0069\cos2\varphi - 3.086 \times 10^{-6} H/(\text{cm/s}^2)$$

其中 H 为海拔高度，φ 为所在地区的纬度。

实验结果：$g = \bar{g} \pm \Delta g = $ _____；

$\qquad\qquad E = \Delta g / \bar{g} = $ _____。

2. 周期和摆长的关系

由式(3.20)两边取对数，可得

$$\lg T = \lg 2\pi + \frac{1}{2}(\lg L - \lg g) \tag{3.23}$$

设式(3.23)中的 $\lg 2\pi - \dfrac{1}{2}\lg g = a$，$\dfrac{1}{2} = b$，则式(3.23)可变为

$$\lg T = a + b \lg L$$

由此可以看出周期的对数与摆长的对数成线性关系，如果以 $\lg L$ 为横坐标，以 $\lg T$ 为纵坐标，所得的直线应是一条直线，该直线的截距位 a，其斜率为 $b\left(b = \dfrac{1}{2}\right)$。测出不同摆长下的周期，即 L 与 T 的对应关系，便可验证式(3.23)(表 3.11)。

表 3.11　不同摆长对应的周期

摆长 L/cm		120	110	100	90	80
$50T$/s	1					
	2					
	3					
	4					
	平均值					
周期 T/s						
对数 $\lg T$						
对数 $\lg L$						

做出 $\lg T$-$\lg L$ 曲线,计算出截距和斜率,根据式(3.23)也可求出重力加速度 g。

【思考题】

(1) 本实验中,有可能产生哪些系统误差? 如何进行修正? 又有可能产生哪些随机误差? 实验中用什么方法尽可能地减小误差?

(2) 本实验中测摆动周期时怎样合理地选取摆动次数?

(3) 从减小误差考虑,测周期时要在摆球通过平衡位置时按下秒表,而不是在摆球到达最大位移时按下秒表,为什么?

(4) 设单摆的摆角 θ 接近 $0°$ 时的周期为 T_0,任意摆角 θ 时的周期为 T,二者的关系近似为

$$T = T_0\left(1 + \frac{1}{4}\sin^2\frac{\theta}{2}\right)$$

如果在 $\theta = 10°$ 条件下得出的 T 值,将给 g 的值引入多大的相对不确定度?

实验 3.6 固体比热容的测定

比热容是物质物理性质的重要参量,它是单位质量的某种物质温度改变 1K 时吸收或放出的热量,常记为 c。物质的比热容在研究物质结构、确定相变、鉴定物质纯度等方面起着重要作用。由于物体间的热交换比较复杂,往往用纯理论方法无法解决,而用实验方法则比较容易解决。目前测量物质比热容的方法有混合法、冷却法、物态变化法、电流量热法。不管用哪种方法,都必须遵循两条原则:一是保持系统为孤立系统,即系统与外界没有热交换;二是只有当系统达到热平衡时,温度的测量才有意义。这样测量又极为重要。比热容随温度的变化,是了解物质分子能量最直接的途径,特别是低温物质,在现代物理学中是非常引人关注的。

【实验目的】

(1) 掌握基本的量热方法——混合法。

(2) 测定金属的比热容。

(3) 学习热学实验中系统散热带来的误差的修正方法。

【实验仪器】

量热器、温度计、加热器、待测金属块、细线、物理天平、秒表、小量筒。

【实验原理】

温度不同的物体混合之后,热量从高温物体传给低温物体。若在混合过程中,与外界无热量交换,最后将达到一个稳定的平衡温度。这期间,高温物体放出的热量等于低温物体吸收的热量,此称为热平衡原理。将质量为 m_x,温度为 T_1,比热为 c_x 的金属块,投入量热器,如图 3.17 所示的内筒中(设其与搅拌器的热容量为 C_1)。量热器的内筒装入水的

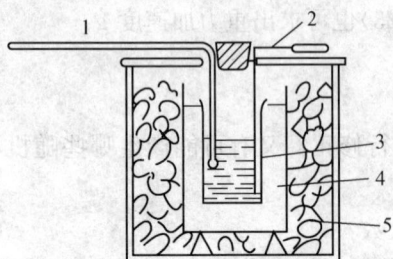

图 3.17　量热器

1. 曲管温度计；2. 搅拌器；3. 量热器内筒；
4. 套筒；5. 保温用玻璃棉

质量为 m_0，其比热为 c_0，初温为 T_2，与金属块混合后的温度为 T_3，温度计插入水中部分的热容量设为 C_2. 根据热平衡原理，列出平衡方程

$$m_x c_x (T_3 - T_1) = (m_0 c_0 + C_1 + C_2)(T_2 - T_3) \tag{3.24}$$

由此可得金属块的比热

$$c_x = \frac{m_0 c_0 + (C_1 + C_2)(T_2 - T_3)}{m_x (T_3 - T_1)} \tag{3.25}$$

量热器和搅拌器多由相同物质制成，查表可求得其比热 c_1，并算出 $C_1 = m_1 c_1$. m_1 是量热器的内筒和搅拌器的总质量；而 $C_2 = 1.9VJ \cdot ℃^{-1}$，V 是温度计插入水中的体积，单位是 cm^3. 只要测出 m_0、m、T_1、T_2、T_3 的值，则可由式(3.25)求得待测金属块的比热 c_x 值。

在上述混合过程中，实际上系统总要与外界交换热量，这就破坏了式(3.24)的成立条件。为消除影响，需要采用散热修正。本实验中热量散失的途径主要有三个方面。

(1) 若用先加热金属块投入量热器的混合法，则投入前有热量损失，且这部分热量不易修正，只能用尽量缩短投放时间来解决。

(2) 将室温的金属块投入盛有热水的量热器中，混合过程中量热器向外界散失热量，由此造成混合前水的温度与混合后水的温度不易测准。为此，绘制水的温-时曲线，根据牛顿冷却定律来修正温度。方法如下：若在实验中做出水的温-时曲线如图 3.18 所示，AB 段表示混合前量热器及水的冷却过程，BC 段表示混合过程，CD 段表示混合后冷却过程。通过 G 点做与时间轴垂直的一条直线交 AB、CD 的延长线于 E 和 F，使面积 BEG 与面积 CFG 相等，这样，E 和 F 点对应的温度就是热交换进行无限快的温度，即没有热量散失时混合前后的初温就是热交换进行无限快的温度，即没有热量散失时混合前后的温度。

(3) 量热器表面若由于水滴附着，会使其蒸发而散失较多的热量，这可在实验前使用干燥毛巾擦净量热器而避免。

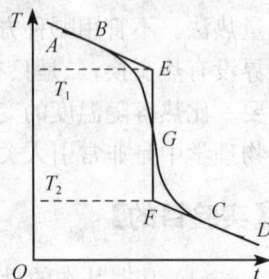

图 3.18　水的温-时曲线

【实验内容】

待测金属块与水混合可有多种方法，本实验采用将室温的金属块投入盛有温水的量热器中的混合方法，其散热修正采用上述修正的方法。

(1) 测出室温 T_1，测量待测金属块的质量 m_x。

(2) 擦净量热器的内筒，称量它和搅拌器的质量 m_1，然后倒入高出室温 20~30℃ 的水，迅速将绝热盖盖好，插入温度计和搅拌器，不断搅动搅拌器，并启动秒表，每隔 1min 读一次温度数值，在混合前可测量读取数值 8 次(8min)。

(3) 把系有细线的金属块迅速投入量热器内，使其悬挂浸没在水中，盖好盖子，继续搅动搅拌器，开始每隔 15s 记录一次温度，2min 后，每隔 1min 记录一次，共记录 8 次。

（4）取出量热器的内筒，称其总质量并减去 $m+m_1$，即为水的质量 m_0。

（5）小量筒测出温度计浸入水中的体积 V_0；另换温水，重复上述实验一次。

（6）实验时应注意：

① 本实验的误差主要来自温度的测量，因此在测量温度时要特别注意，读数迅速且要准确（准确到 $0.1℃$）。

② 倒入量热器中的温水不要太少，必须使投入的金属块悬挂浸没在其中。

【数据处理】

（1）将实验中测出的各个数值填入表 3.12、表 3.13。

表 3.12 固体比热容测定的数据记录 1

前 8min				中间 2min				后 8min			
次	$T/℃$	次	$T/℃$	次	$T/℃$	次	$T/℃$	次	$T/℃$	次	$T/℃$
1		5		1		5		1		5	
2		6		2		6		2		6	
3		7		3		7		3		7	
4		8		4		8		4		8	

表 3.13 固体比热容测定的数据记录 2

m_0/kg	m/kg	m_1/kg	$C_0/(J·k^{-1}·℃^{-1})$	$C_1/(J·k^{-1}·℃^{-1})$	V/cm^3

（2）使用坐标纸，绘制温-时曲线，进行散热修正，确定 T_2、T_3 的数值。

（3）将各个测量数值代入式（3.25），求得 c_x，再根据重复实验值取平均值。

（4）从附表中查出所用金属快的比热值作为标准值，按公式求出实验的相对误差。

$$E = \frac{测量值 - 标准值}{标准值} \times 100\%$$

【思考题】

（1）混合法的理论根据是什么？

（2）若采用先加热金属块投入低于室温的水中混合的方法，实验应怎样设计和进行操作？

（3）如果混合前金属块和水的温度都在变化，其初温怎样测量？出现这种情况对实验有何影响？应怎样避免？

实验 3.7 惠斯通电桥测电阻

电桥在电学测量中有着非常广泛的用途，其中惠斯通电桥是各种电桥中较为简单的一种，常用它来测量中值电阻，电桥法测电阻是一种比较法，即在平衡条件下，将待测电阻与标准电阻进行比较以确定电阻值。

【实验目的】

(1) 掌握惠斯通电桥测电阻的原理。
(2) 初步掌握携带式直流单电桥的使用方法。

【实验仪器】

QJ-23 型携带式直流单电桥、待测中值电阻、导线、干电池、万用表(备用)。

【实验原理】

"电桥"是很重要的电磁学基本测量仪器之一,主要用来测量电阻器的阻值、线圈的电感量和电容器的电容及其损耗。

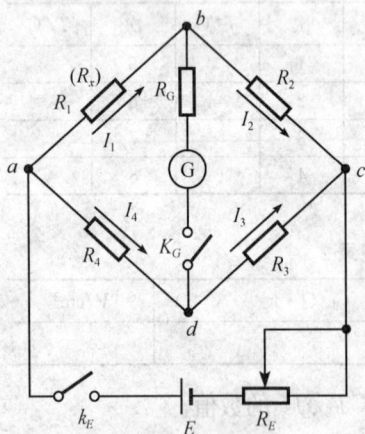

图 3.19　惠斯通电桥电路图

为了适应不同的测量目的,设计了多种不同功能的电桥。最简单的是单臂电桥,即惠斯通电桥,用来精确测量中等阻值(几十欧姆至几十万欧姆)的电阻。此外还有测量低阻值(几欧姆以下)的双臂电桥,即开尔文双电桥。其基本原理和思想方法大致相同,因此,学习掌握惠斯通电桥的原理不仅能为正确使用单臂电桥,而且也为分析双臂电桥的原理和使用方法奠定了基础。

1. 惠斯通电桥的原理

如图 3.19 所示,图中 ab、bc、cd 和 da 四条支路分别由电阻 $R_1(R_X)$、R_2、R_3 和 R_4 组成,称为电桥的四条桥臂。通常,桥臂 ab 接待测电阻 $R_1(R_X)$,其余各臂电阻都是可调节的标准电阻。在 bd 两对角间连接检流计、开关和限流电阻 R_G;在 ac 两对角间连接电池、开关和限流电阻 R_E。当接通电键 K_G 和 K_E 后,各支路中均有电流流通,检流计支路起了沟通 abc 和 adc 两条支路的作用,可直接比较 bd 两点的电势,电桥之名由此而来。适当调整各臂的电阻值,可以使流过检流计的电流为零,即 $I_G=0$,这时,称电桥达到了平衡。平衡时 b、d 两点的电势相等。因而有

$$I_1R_1 = I_4R_4 \tag{3.26}$$

$$I_2R_2 = I_3R_3 \tag{3.27}$$

因为 $I_1=I_2$;$I_3=I_4$,用式(3.26)两边分别比式(3.27)两边整理得

$$R_1 = \frac{R_2}{R_3} \cdot R_4 = R_X \tag{3.28}$$

2. QJ-23 型携带式直流单电桥原理及结构

本实验采用 QJ-23 型携带式单电桥,它的实际电路图如图 3.20 所示,面板结构如图 3.21 所示。

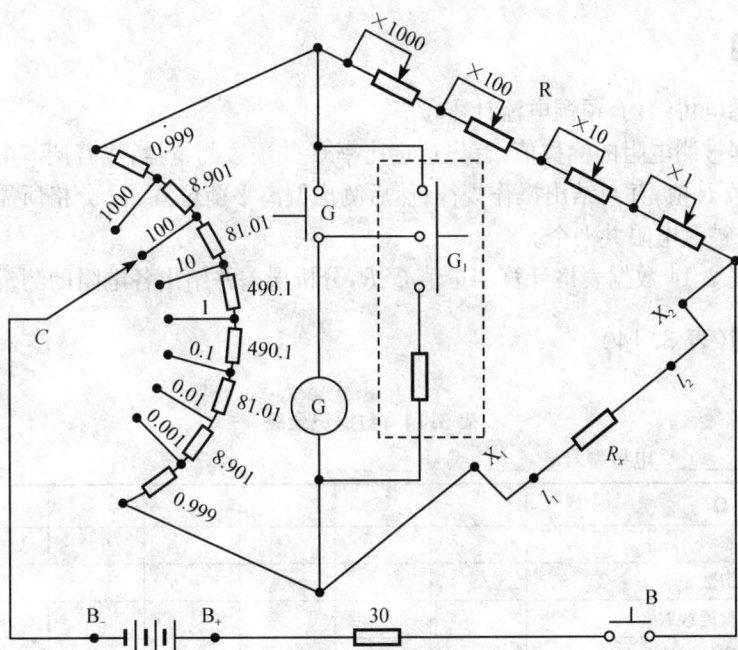

图 3.20　QJ-23 型携带式单电桥电路图

电桥各部件的作用及特点说明如下：

（1）比率臂 C。相当于图 3.19 中的 R_1 和 R_4，由 8 个精密电阻组成，其总电阻为 1KΩ，度盘示值 $C=R_2/R_1$，即比率，分别从 0.001 到 1000 七档。各电阻均以 Ω 为单位。

（2）测量臂 R，由四个十进位电阻器盘组成，最大阻值为 9999Ω。调节 C 和 R 使电桥平衡时，被测电阻值为 $R_x=CR$。

（3）端钮 X_1 和 X_2 接被测电阻，B_+ 和

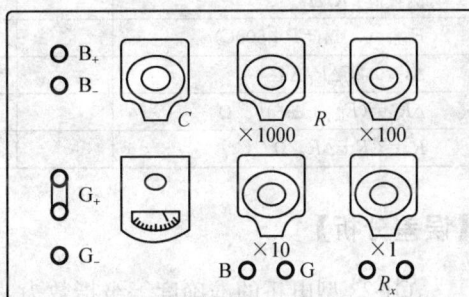

图 3.21　QJ-23 型电桥面板图

B_-、G_+ 和 G_- 分别为外接电源、外接电流计用的接线端钮。

（4）电流计 G 其灵敏度约 $3×10^{-6}$ A/div，内阻近百欧姆，用以指示电桥平衡与否。电流计上有调零旋钮，测量前应预先调好电流计零位。实验中我们把引起仪表示值可觉察变化的被测量的最小变化值叫灵敏阈，这里取 0.2 分格所对应的电流值作为电流计的灵敏阈。

（5）电源及电流计开关，B 是电源按钮开关，实验中不要将此开关按下锁住，以避免电流热效应引起的阻值改变，并防止电池很快耗尽。电流计按钮开关 G 一般只能跃按，以避免非瞬时过载而引起的损坏。

用电桥测电阻前，通常应先知道（或用万用表粗测）被测电阻的大约值，然后预置比率盘和测量盘于相应的大约值，再调节 C 和 R 之值进行测量。

【实验步骤】

(1) 熟悉电桥结构,预调电流计零位。

(2) 根据被测电阻的标称值,首先选定比率 C 并预置测量盘;接着调节电桥平衡而得到测量盘读数 R 值,并总结出操作规律;然后测出偏离平衡位置 Δd 分格所需的测量盘示值变化 ΔR。被测电阻共七个。

(3) 按表 3.14 数据表格计算测量值 C、R,分析误差并给出各电阻的测量值。

【数据处理】(表 3.14)

表 3.14　数据记录表

仪器组号_____　电桥型号_____　编号_____

电阻标称值/Ω						
比率臂读数 C						
准确度等级指数 α						
平衡时测量盘读数 R						
平衡后将电流计调偏 Δd/格						
与 Δd 对应的 ΔR/Ω						
测量值 CR/Ω						
$E_{\lim}=0.01\alpha(CR+500C)$						
$\Delta s=0.2C\Delta R/\Delta d$						
$\Delta R_x=(E_{\lim}^2+\Delta s^2)^{1/2}$/$\Omega$						
$R_x=CR\pm\Delta R_x$/Ω						

【误差分析】

QJ-23 型电桥的准确度等级指数为 $\alpha=0.2$,表明在一定参考条件下{20℃附近、电源电压偏离额定值不大于 10%、绝缘电阻符合一定要求、相对湿度 40%～60% 等},电桥的基本误差极限 $E_{\lim}^m$ 可用式(3.29)表示

$$E_{\lim}^m =\pm \alpha/100(CR + CR_N/10) \tag{3.29}$$

在式(3.29)中是比率值,第一项正比于被测电阻值,第二项是常数,$R_N=5000$。在实验室中我们不要求考虑实验条件偏离上述参考条件时所产生的附加变差,通常把基本误差极限的绝对值 $\Delta\alpha$ 直接当作测量结果的不确定度。等级指数 α 往往还与一定的测量范围、电源电压和电流计的条件相联系,以 QJ-23 电桥为例,这些范围和条件在它的铭牌及说明书上已经列表标出。

若测量范围或电源、电流计条件不符合与等级指数对应的要求时,电桥平衡后改变 R_x(或等效的改变 R),电流计却未见偏转,说明电桥不够"灵敏"。我们可将电流计灵敏阈(0.2 分格)所对应的被测电阻的变化量 ΔS 叫做电桥的灵敏阈。R_x 的改变量 ΔS 可近似的等效为使 R_x 不变而仅使测量盘示值改变 $\Delta S/C$。于是 ΔS 可这样测得:平衡后,将测量盘电阻 R 调偏到 $R+\Delta R$,使电流计偏转 Δd 格(2 或 1 分格),则按比例关系应有

$C \cdot \Delta R/\Delta d = \Delta S/0.2$。

即

$$\Delta S = 0.2C \cdot \Delta R/\Delta d \tag{3.30}$$

电桥的灵敏阈 ΔS 反映了平衡判断中可能包含的误差,其值和电源及电流计的参数有关,还和比率 C 及 R_x 的大小有关。ΔS 愈大,电桥愈不灵敏。要减小 ΔS,可适当提高电源电压或外接更灵敏的电流计。当测量范围及条件符合仪表说明书所规定的要求时,ΔS 不大于 $\Delta \alpha$ 的几分之一,可不计 ΔS 的影响,这时式(3.28)第二项已包含了灵敏阈的因素。如果不是这样,则应从下式得出测量结果的不确定度:

$$\Delta R_x = (\Delta \alpha^2 + \Delta S^2)^{1/2} = (E_{\lim}^2 + \Delta S^2)^{1/2} \tag{3.31}$$

实验 3.8　双臂电桥测低电阻

电阻按其阻值的大小来分,大致可分为三类:在 1Ω 以下的为低电阻,1Ω 到 $100K\Omega$ 之间的为中电阻,$100K\Omega$ 以上的为高电阻。不同阻值的电阻测量方法是不尽相同的,它们都有本身的特点。例如,利用惠斯通电桥测中值电阻时,由于导线本身的电阻及导线接触点的接触电阻与待测电阻相比较,可以忽略不计,故可以得到较为精确的结果。

双臂电桥(又称开尔文电桥)是在惠斯通电桥的基础上发展而来的,用以精确测量低值电阻的一种装置。它采用四端接线法,利用它可以消除各种附加电阻对测量结果的影响,是测量 1Ω 以下的低值电阻的常用仪器,例如,测量金属材料的电阻率,电机、变压器绕组的电阻、低阻值线圈电阻等。

【实验目的】

(1) 了解双臂电桥测量低电阻的原理,学习掌握双电桥的使用方法。

(2) 初步掌握厢式双臂电桥的使用方法。

【实验仪器】

厢式双臂电桥、待测低值电阻、导线。

【实验原理】

测低电阻的开尔文双电桥的测量原理

双电桥测低电阻,就是将未知低电阻 R_X 和已知的标准低电阻 R_S 相比较;为了消除接触电阻和导线电阻对被测电阻的影响,在联结电路时均采用四接点接线。其测量原理如图 3.22 所示,R_1',R_2',R_3' 表示接触电阻和导线电阻,比较 R_X 和 R_S 两端的电压时,用通过两个分压电路 adc 和 b_1bb_2 去比较 b、d

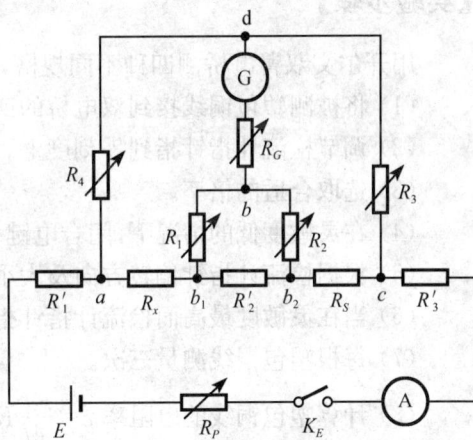

图 3.22　开尔文双电桥的测量原理图

二点的电势,由于 R_1,R_2,R_3,R_4 的电阻值较大,其两端的接触电阻和导线电阻可以不计。调节 R_1,R_2,R_3,R_4 的值,使 $I_G=0$,即

$$U_{bc} = U_{dc} \tag{3.32}$$

由于

$$U_{bc} = U_{b_1 b_2} \frac{R_2}{R_1 + R_2} + U_{b_2 c} \approx I_{R_2'} \left(\frac{R_2' R_2}{R_1 + R_2} + R_S \right) \tag{3.33}$$

$$U_{dc} = U_{ac} \frac{R_3}{R_3 + R_4} \approx I_{R_S} (R_X + R_2' + R_S) \frac{R_3}{R_3 + R_4} \tag{3.34}$$

又由于 $R_2' \ll R_1$ 或 $R_2' \ll R_2$,因此 $I_{R_2'} \approx I_{R_S} = I$ 代入式(3.33)和(3.34)中并由此两式消去 I 得

$$\frac{R_3 (R_X + R_2' + R_S)}{R_3 + R_4} = \frac{R_2' R_2}{R_1 + R_2} + R_S \tag{3.35}$$

整理式(3.35)得

$$R_X = R_S \frac{R_4}{R_3} + R_2' \left[\frac{1 + \dfrac{R_4}{R_3}}{1 + \dfrac{R_1}{R_2}} - 1 \right] \tag{3.36}$$

由式(3.36)可以看出,当 $\dfrac{R_4}{R_3} = \dfrac{R_1}{R_2}$ 时,式(3.36)中右侧括号中的值等于零,因而式(3.36)即简化为

$$R_X = \frac{R_4}{R_3} \cdot R_S \tag{3.37}$$

式(3.37)就是双电桥测低电阻的测量式。在本式中不含有接触电阻和导线电阻,因而双电桥在测低电阻时消除了接触电阻和导线电阻对被测低电阻结果的影响,因此双电桥能准确地测定低电阻。

【实验步骤】

用开尔文双臂电桥测四种不同规格,外色不同的塑包铜线的电阻值。

(1) 将被测塑包铜线接到双电桥的四个接线端上。

(2) 调节检流计指针指到零刻度上。

(3) 选取合适的倍率。

(4) 在灵敏度低的情况下,闭合电键 K_E 和 K_G。

(5) 根据检流计指针偏转方向及大小调节读数盘之值。

(6) 当在灵敏度最高而检流计指针指到零刻度线上(即电桥达到平衡)时读数。

(7) 每根塑包铜线测量三次。

(8) 计算塑包铜线的电阻率 $\rho = \dfrac{\pi d^2}{4l} R_X$。

实验中要记下双电桥的编号、测量范围和准确度等级指数。要根据实验记录,计算并

得到完整的测量结果。

【数据处理】(表 3.15)

表 3.15 数据记录表

双电桥的编号_____测量范围_____准确度等级指数_____

项目 \ 根数	1		2		3		4	
K								
R_S/Ω								
R_X/Ω								
$\overline{R_X}/\Omega$								
d/mm								
$\overline{L}/\text{m}$								
l/m								
$\overline{L}/\text{m}$								
ρ								

QJ-44 型双电桥的结构与使用说明:

实际电路如图 3.23 所示,双电桥面板图 3.33 所示。

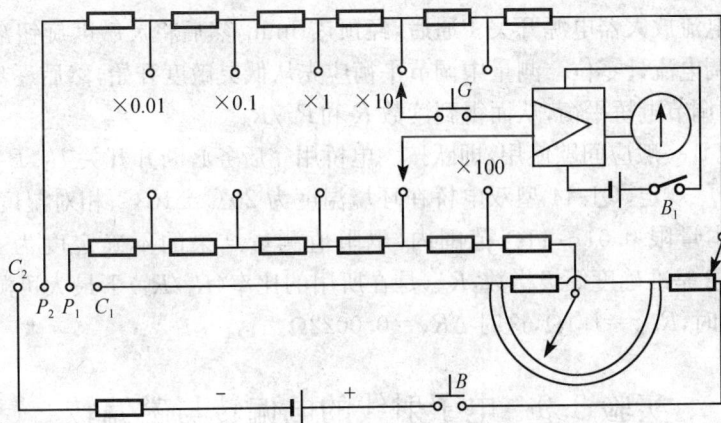

图 3.23　QJ-44 型双电桥电路图

图 3.23 上方的六个电阻相当为图 3.22R_4 和 R_3,R_4/R_3 分为 10^{-2} 到 10^2 五挡,分别在面板上比率开关处标明。电路图中间的六个电阻相当为图 3.23 中 R_1 和 R_2,由同一比率开关将它们与 R_4 和 R_3 一起联动切换,且保证 $R_4/R_3=R_1/R_2$。桥路中的表示电流放大器和电流计相连,组成了高灵敏度电流计,其灵敏度可通过图 3.24 旋钮 5 调节,内接的放大器电源靠图 3.24 开关 1 接通。电路图中其他各部分都可与面板上的部件一一对应。测未知电阻时,图 3.24 按钮开关 B、G 和测量臂旋钮的作用和调节方法与单电桥相似,但应特别注意以下几点:

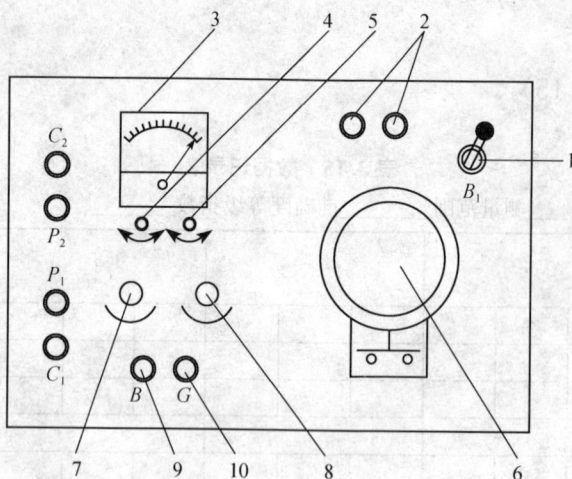

图 3.24　QJ-44 型双电桥面板图

1. 电流放大器电源开关 B_1；2. 外接电源端钮；3. 电流计；4. 电流计调零旋钮；
5. 灵敏度调节旋钮；6. 滑线读数盘；7. 比率调节盘；8. 步进读数旋钮；9. 工作
电源按钮开关；10. 电流计按钮开关；
C_1、C_2 与 P_1、P_2 分别为待测电阻的电流和电压接线柱

被测电阻要按四端接法接入，并根据其大约阻值预制比率开关的位置，工作电源 E 用 1.5V 钾电池，外接于面板上 2 处。

图 3.24 电流放大器电源开关 1 通后，经预热 5min，然后将灵敏度旋钮沿逆时针方向旋到最小，再调电流计零位。测量中调节平衡应先从低灵敏度开始，然后逐步将灵敏度调到最大并随即调节电桥平衡，从而得到读数 R 和 R_4/R_3。

电源按钮 B 一般应间歇使用，即跃按。电桥用完后务必断开开关 B_1、B 和 G。

根据制造厂规定，QJ-44 型双电桥在环境温度为 $20℃\pm10℃$、相对湿度小于 80% 等条件下，在基本量限 $0.01\sim11\Omega$ 范围内，电阻值测量结果的不确定度为 $\Delta R_X = 0.2\%$ $R_{\max}$。式中 0.2 是准确度等级指数，$R_{\max}$ 是在所用的比率(R_4/R_3)下最大可测电阻值。例如，比率为 10 时，$R_{\max}=1.1\Omega$，这时 $\Delta R_X=0.0022\Omega$。

实验 3.9　电子射线的电偏转与磁偏转

带电粒子在电场中受电场力($\vec{F}_E=q\vec{E}$)的作用，在磁场中受到磁场力($\vec{F}_B=q\vec{v}\times\vec{B}$)的作用，带电粒子的运动状态将发生变化。因此人们可以利用电极形成的静电场实现电子束的偏转和聚焦，也可以利用电流形成的恒定磁场现电子束的偏转和聚焦。前者称为电偏转和电聚焦，后者称为磁偏转和磁聚焦。这是示波管和显像管工作的基础，而且还被广泛地用于扫描电子显微镜、回旋加速器、质谱仪等许多仪器设备的研制中。

【实验目的】

(1) 掌握电子束在外加电场和磁场作用下偏转的原理和方式。

（2）了解阴极射线管的构造与作用。

（3）测量电偏转与磁偏转灵敏度。

【实验仪器】

（1）TH-EB 电子束实验仪。

（2）0～30V 可调直流电源。

（3）数字式万用表。

【实验原理】

1. TH-EB 型电子束实验仪原理简介

TH-EB 型电子束实验仪具有体积小，重量轻，结构紧凑，操作界面美观，使用方便，可靠，测试数据精确等特点。实验仪主要由两大部分组成，一个是由螺线管及在螺线管内放置的示波管组成，螺线管通电流后给示波管加纵向磁场，另外在示波管两边加上一对洛仑兹线圈产生一横向磁场，用于使电子束产生横向偏转；另一部分就是用于给示波管各极加适当电压。

示波管各电极结构与分布如图 3.25 所示。各部件的作用如下：

灯丝 F_1-F_2：加热阴极，6.3V 电压。

阴极 K：筒外涂有稀土金属，被加热后能向外发射自由电子也可称发射极。

栅极 G：施加适当电压（通常加负压）可控制电子束电流强度，可称控制栅，栅负压通常为 $-35\sim45$V 之间。

第二阳极 A_2：圆筒结构，施加的电压形成一纵向高压电场，使加速电子向荧光屏运动，可称加速极，加速电压通常为 1000V 以上。

图 3.25 示波管各电极结构与分布

第一阳极 A_1：为一圆盘结构，介于第二阳极的圆筒和圆盘之间，其作用相当于电子透镜，施加适当电压能使电子束恰好在荧光屏上聚焦，因此也称聚焦极，通常加数百伏正向电压。

垂直偏转极板：V_1 和 V_2 为处于示波管中一上一下的两块金属板，在极板上施加适当电压后构成垂直方向的横向电场。

水平偏转极板：H_1 和 H_2 为处于示波管中一前一后的两块金属板，在极板上施加适当的电压后构成水平方向的横向电场。

2. 电偏转原理

电子束电偏转原理如图 3.26 所示。通常在示波管的偏转板上加偏转电压 V，当加速后的电子以速度 v 沿 Xx 方向进入偏转板后，受到偏转板电场 E（y 轴方向）的作用，使电

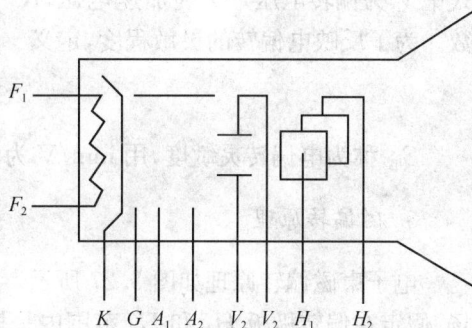

子的运动轨道发生偏转。

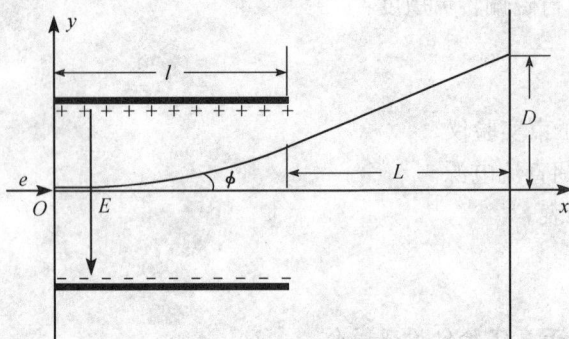

图 3.26　电子束电偏转原理

假定偏转电场在偏转板 V_1 和 V_2 范围内是均匀的，电子将作抛物线运动，在偏转板外，电场为零，电子不受力，作匀速直线运动。荧光屏上电子束的偏转距离 D 可以表示为

$$D = K_e \frac{V}{V_A} \tag{3.38}$$

式中 V 为偏转电压，V_A 为加速电压，K_e 是一个与示波管结构有关的常数，称为电偏常数。为了反映电偏转的灵敏程度，定义

$$S_电 = \frac{D}{V} \tag{3.39}$$

$S_电$ 称为电偏转灵敏度，用 mm/V 为单位。$S_电$ 越大，电偏转灵敏度越高。

3. 磁偏转原理

电子束磁偏转原理如图 3.27 所示。通常在示波管的瓶颈的两侧加上一均匀横向磁场，假定在偏转极板 H_1 和 H_2 范围内是均匀的，在其他范围内都为零。当加速后的电子以速度 v 沿 X 方向垂直射入磁场时，将受到洛仑兹力作用，在均匀磁场 B 内做匀速圆周运动，电子穿出磁场后，则做匀速直线运动，最后打在荧光屏上，磁偏转的距离可以表示为

$$D = K_m \frac{I}{\sqrt{V_A}} \tag{3.40}$$

式(3.40)中 I 是偏转线圈励磁电流，单位 A；K_m 是一个与示波管结构有关的常数称为磁偏常数。为了反映磁偏转的灵敏程度，定义

$$S_磁 = \frac{D}{I} = \frac{K_m}{\sqrt{V_A}} \tag{3.41}$$

$S_磁$ 称为磁偏转灵敏度，用 mm/V 为单位。$S_磁$ 越大，表示磁偏转系统灵敏度越高。

4. 截止栅偏压原理

示波管的电子束流通常是通过调节负栅压 U_{GK}

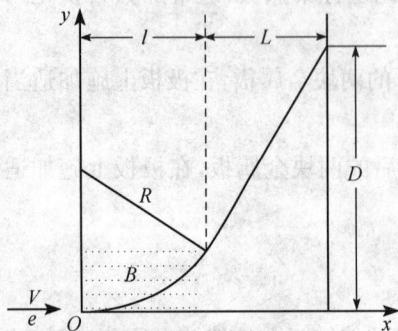

图 3.27　电子束磁偏转原理

来控制的,调节U_{GK}可调节荧光屏上光点的辉度。U_{GK}是一个负电压,负栅压越大,电子束电流越小,光点的辉度越暗。使电子束流截止的负栅压称为截止栅偏压。

【实验步骤】

1. 准备工作

(1) 用专用电缆连接实验箱和示波管支架上的插座。

(2) 将实验箱面板上的"电聚焦/磁聚焦"选择开关置于"电聚焦"。

将与第一阳极对应的纽子开关置于上方,其余的纽子开关均置于下方。

(3) 将"励磁电流调节"旋钮旋至最小位置。

(4) 开启电源开关,调节"阳极电压调节"电位器,使"阳极电压"数显表指示为800V,适当调节"辉度调节"电位器,此时示波管上出现光斑,然后调节"电聚焦调节"电位器,使光斑聚焦。

2. 电偏转灵敏度的测定

(1) 令"阳极电压"指示为800V,在光点聚焦的状态下,将H_1、H_2对应的纽子开关置于上方,此时荧光屏上会出现一条短的水平亮线,这是因为水平偏转极板上感应有50Hz交流电压之故。测量时将水平偏转极板H_1和H_2接通直流偏转电压,分别记录电压为0V、10V、20V时光点位置偏移量,然后调换偏转电压的极性,重复上述步骤。

(2) 将"阳极电压"分别调至1000V、1200V,按上述的方法使光点重新聚焦后,按实验步骤1)重复以上测量,列表记录数据。

(3) 将H_1、H_2对应的纽子开关置于下方,将V_1、V_2对应的纽子开关置于上方。此时荧光屏上也会出现一条短的垂直亮线。这也是因为垂直偏转极板上感应有50Hz交流电压之故。测量时,在V_1、V_2两端依次加0V、10V、20V直流偏转电压,阳极电压依次为800V、1000V、1200V,列表记录数据。

3. 磁偏转灵敏度的测定

(1) 准备工作与"电聚焦特性的测定"完全相同。为了计算亥姆霍兹线圈中的电流,必须事先用数字万用表测量线圈的电阻值,并记录。

(2) 令"阳极电压"指示为800V,使光点在聚焦的状态下,接通亥姆霍兹线圈的励磁电压,并分别调到0V、2V、4V、6V,记录荧光屏上光点的偏移量,然后改变励磁电压的极性,重复以上步骤,列表记录数据。

(3) 调节"阳极电压调节"电位器,使阳极电压分别为1000V、2000V,重复实验步骤2)。

4. 截止栅偏压的测定

(1) 准备工作"电聚焦特性的测定"完全相同,但为了测量阳极电压和栅极电压,需将与阴极K和栅极G相对应的纽子开关置于上方。

(2) 令"阳极电压"指示为800V,使光点在聚焦的状态下,用数字万用表直流电压档测量栅极与阴极之间的电压,调节"辉度调节"电位器,记录荧光屏上光点刚消失时的 V_{GK} 值。

(3) 调节"阳极电压调节"电位器,使阳极电压分别为 1000V、1200V,重复步骤(2),记录相应的 V_{GK} 值。

注意事项

(1) 本仪器内示波管电路和励磁电路均存在高压,在仪器插上电源线后,切勿触及印刷板、示波器管座、励磁线圈的金属部分,以免电击危险。

(2) 本仪器的电源线应插在标准的三芯电源插座上。电源的相线,零线和地线应按国家标准接法之规定接在规定的位置上。

(3) 实验前必须先阅读电子束实验仪使用说明书。

【思考题】

(1) 在不同阳极电压下,为什么偏转灵敏度不一样?

(2) 何谓截止栅偏压?

(3) 磁偏转灵敏度与哪些因素有关?

实验 3.10　交变磁场的测量

【实验目的】

(1) 了解感应法测量磁场的原理。

(2) 研究载流圆线圈轴向磁场的分布,加深对毕奥-沙伐尔定律的理解。

(3) 研究亥姆霍兹线圈轴向和径向磁场分布,描绘磁场均匀区。

(4) 研究探测线圈平面法线与载流圆线圈或亥姆霍兹线圈的轴线成不同夹角时感应电动势的变化规律。

【实验仪器】

FB511 交变磁场测试仪、亥姆霍兹线圈、探测线圈。

【实验原理】

1. 载流圆线圈和亥姆霍兹线圈轴线上磁场的分布

根据毕奥—沙伐尔定律,载流圆线圈轴线上任一点 P(图 3.28)的磁感应强度为

$$B = \frac{\mu_0 N_0 I}{2R}\left(1 + \frac{X^2}{R^2}\right)^{-3/2} \tag{3.42}$$

式(3.42)中 I 为圆线圈中的电流强度,R 为线圈的半径,X 为 P 点至圆心点的距离,N_0 为线圈的匝数,μ_0 叫真空磁导率($=4\pi\times10^{-7}\text{N}\cdot\text{m}^2$)。$B$-$X$ 曲线如图 3.29 所示。

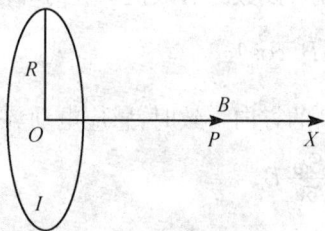

图 3.28 载流圆线圈轴线上任一
点 P 的磁感应强度

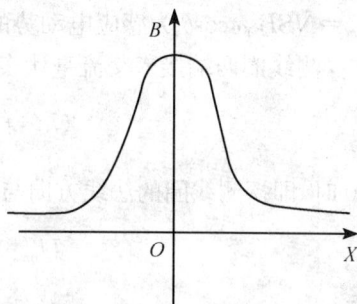

图 3.29 B-X 曲线

显然,在圆心处($X=0$)的磁感应强度为 $B_0 = \dfrac{\mu_0 I N_0}{2R}$,所以,

$$\frac{B}{B_0} = \left[1 + \left(\frac{X}{R}\right)^2\right]^{-\frac{3}{2}} \tag{3.43}$$

2. 磁场的测量

测量磁场的方法有多种,本实验采用感应法(图 3.30),当线圈中输入交变电流时,其周围空间必定有变化磁场,可利用探测线圈置于交变磁场中所产生的感应电动势来量度磁场的大小,当线圈内通以正弦交变电流时,则在空间形成一个正弦交变的磁场,磁感应强度为

$$B = B_m \sin\omega t$$

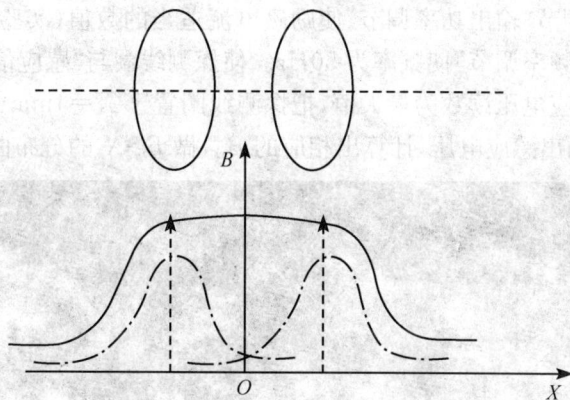

图 3.30 亥姆霍兹线圈(两个圆线圈磁场的叠加)的轴向磁场分布

设探测线圈为平面线圈,面积为 S,匝数为 N,其法线与磁感应强度之间的夹角为 θ,则通过该线圈的磁通量为

$$\phi = NSB\cos\theta = NSB_m\cos\theta\sin\omega t \tag{3.44}$$

根据电磁感应定律 $\varepsilon = -\dfrac{\mathrm{d}\phi}{\mathrm{d}t}$ 得

$$\varepsilon = -NSB_m\omega\cos\theta\cos\omega t = -\varepsilon_m\cos\omega t$$

式中 $\varepsilon_m = NSB_m\omega\cos\theta$ 为感应电动势的峰值。

在探测线圈两端接入交流毫伏表,测出感应电压(读数为有效值),它与峰值的关系为

$$U_m = \frac{\varepsilon_m}{\sqrt{2}} = \frac{NS\omega}{\sqrt{2}}B_m\cos\theta \tag{3.45}$$

当 $\theta = 0$ 时,即探测线圈的法线方向与磁感应强度 B 的方向一致时,感应电动势为最大值:

$$U_{max} = \frac{\varepsilon_{max}}{\sqrt{2}} = \frac{NS\omega}{\sqrt{2}}B_m$$

所以

$$B_m = \frac{\sqrt{2}}{NS\omega}U_{max}$$

本实验中, $N = 800$ 匝, $S = \frac{13}{108}\pi D^2$, $D = 0.012\mathrm{m}$, $\omega = 100\pi/\mathrm{s}$ 。则

$$B_m = 0.103U_{max} \times 10^{-3}(T) \tag{3.46}$$

【实验内容】

1. 测量单个载流线圈轴线上磁场分布

本实验所用仪器是交变磁场测试仪(图 3.31),它由两圆线圈(亥姆霍兹线圈)、工作平台、探测线圈、音频振荡器、交流毫安表和交流毫伏表等构成,两线圈竖直嵌放在工作平台上,彼此平行,轴线相互重合,平台上的 X 轴线对准线圈的中心轴线。探测线圈,是一只带刻度圆盘底座的小线圈,可分别沿径向和轴向移动。把励磁线圈(1)与测试仪输出端钮相接,接通开关,调节"输出功率调节"使励磁电流适当的数值(实验室给出),测量过程中保持恒定。调节"频率调节"使频率为 50Hz。使探测线圈与"感应信号输入"相接,细心旋转探测线圈,使感应电压读数为最大值,把探测线圈置于 $X = 1\mathrm{mm}$ 、20mm、30mm、……120mm 各处,分别测出感应电压,计算出相应的 B_m ,做 B_m - X 的分布曲线。

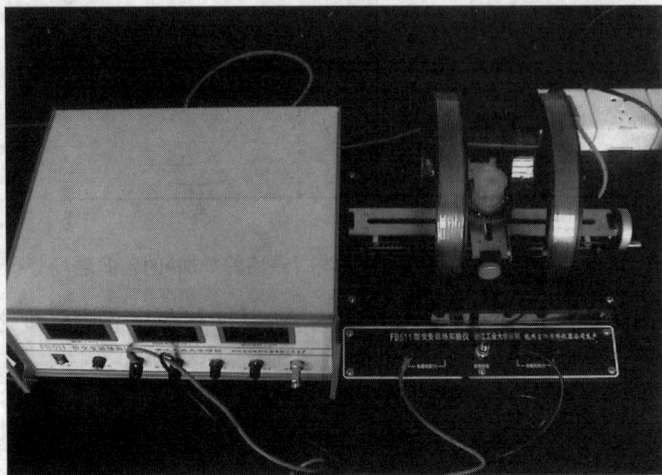

图 3.31　FB511 交变磁场测试仪亥姆霍兹线圈,探测线圈

B_m-X 的分布曲线(表 3.16)

表 3.16 U_{max} 与 B_m 值

x/mm	−10	−20	−30	−40	−50	−60	−70	−80	−90	−100	−110	−120
U_{max}/mV												
B_m/T												

2. 测量亥姆霍兹线圈轴线上磁场分布

将靠近"探测线圈"的两接线柱用一根线短接,将励磁线圈(1)左接线柱和励磁线圈(2)右接线柱与测试仪输出端钮相接。这时两线圈串联,形成亥姆霍兹线圈。仿前办法,测量(表 3.17)并描绘亥姆霍兹线圈轴线上磁场分布。

表 3.17 U_{max} 与 B_m 值

x/mm	−120	−100	−80	−60	−40	−20	0	20	40	60	80	100	120
U_{max}/mV													
B_m/T													

3. 测量亥姆霍兹线圈径向磁场分布(表 3.18)

表 3.18 U_{max} 与 B_m 值

x/mm	−50	−40	−30	−20	−10	0	10	20	30	40	50
U_{max}/mV											
B_m/T											

4. 探测线圈不同角度时的感应电压(表 3.19)

表 3.19 U_{max} 与 B_m 值

角度	10^0	20^0	30^0	40^0	50^0	60^0	70^0	80^0	90^0
U_m/mV									

实验 3.11 用箱式电势差计测电动势

电势差计是用来精密测量电势差或电动势的一种电测仪器,它不但可以直接测量电动势、电压,还可以间接测量电流、电阻等,而且还可以用来校准精密电表和直流电桥等直读式仪表,在非电参量(如温度、压力、距离和速度等)的电测法中也是非常有用的。

【实验目的】

(1) 了解箱式电势差计的结构和原理。

（2）学习使用箱式电势差计并测量电动势。

【实验仪器】

箱式电势差计、标准电池、直流电源、检流计、滑线变阻器、电阻箱、开关、导线、待测电池。

【实验原理】

箱式电势差计是用来精确测量电池电动势或电势差的专门仪器。

如图 3.32 所示，由工作电源 E，电阻 R_{AB}，限流电阻 R_P 构成一测量电路，其中有稳定而准确的电流 I_0；电源 E_X 与检流计 G 组成一补偿分路，调节 P 点使 G 中电流为零，AP 间电压为 V_{AP}，则 $E_X = V_{AP}$，而 $V_{AP} = R_{AP} \times I_0$，$R_{AP}$ 为 A、P 间的电阻，所以 $E_X = R_{AP} \times I_0$，即当测量电路的电阻与电流已知时，可得 E_X 之值，如将 E_X 改用标准电池 E_S，可得 $E_S = R_S \times I_0$ 或 $I_0 = \dfrac{E_S}{R_S}$，因此

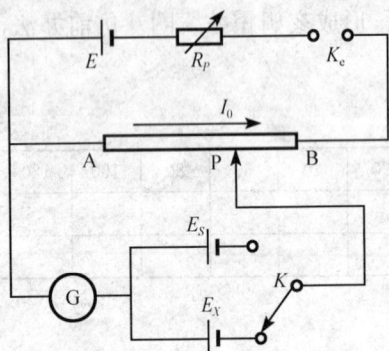

图 3.32　电势差计原理图

$$E_X = \frac{R_{AP}}{R_S} E_S \tag{3.47}$$

通过滑动变阻器 P 点的调节，进行二次电压比较，取平衡时的 R_{AP} 和 R_S 值，根据上式可求得待测电源 E_X 的电动势值。

1. 箱式电势差计的工作电流与电压值标度

用箱式电势差计测量电压时，并不需要用式(3.47)去计算。它是将测量范围内的电压值标在面板上，通过补偿测量可以从面板上直接读出被测电压值。

如图 3.33 所示，将图 3.33 中的电阻 R_{AB} 改为相同的电阻 R 的串联电路，设计仪器时，先规定仪器的工作电流 I_0（如 $I_0 = 0.00010000A$），其次按 $R = \dfrac{0.10000V}{I_0}$ 确定 R 的精确值，这样制作的电势差计其 a，b，c，…，各点和 A 点电势差精确。

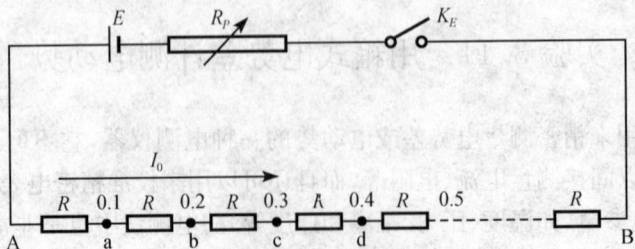

图 3.33　标度方法的示意图

为 0.1V，0.2V，0.3V，…，因此可将这些电压值标在 a，b，c，…各点处。箱式电势差

计面板上的电压值标度就是按此原理进行的。当然实际仪器的电路要复杂得多,图 3.33 是标度方法的示意图。

使用此标度过的电势差计去测量,可如图 3.34,移动 P 点,当检流计 G 中的电流为零时,则 P 点的示值等于电动势 E_X 之值。

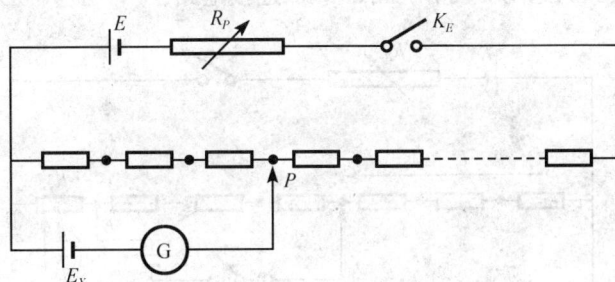

图 3.34　使用标度电路后的测量电路

2. 标准电池与工作电流的校准

为使图 3.33 中 a,b,c,d,… 各点的实际电压值和标度值一致,必须使实验电路中的电流和设计的工作电流 I_0 一致,在电路中加入一个电流计可以检查实际电流的大小,但是准确度不够。

图 3.35 的电路是图 3.33 的电路中加入用标准电池 E_S 监控电流的校准电阻 R_S,例如,20℃时所用饱和式。标准电池的电动势为 1.01859V,则在设计时使电阻 R_S 在 EK 间阻值 $R_{EK} = \dfrac{1.01859\text{V}}{I_0}$,并在 K 点处标以 1.01859V,以后每在 20℃ 使用此仪器时,先将 K 移至 1.01859V 处,调节限流电阻 R_P,当检流计读数为零时,测量电路中的电流即等于设计的工作电流 I_0。

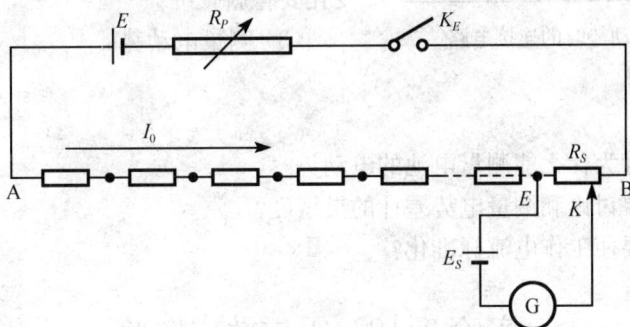

图 3.35　校准电路

从以上的分析可以看出,用电势差计测量 E_X,是先用标准电池 E_S 校准测量电路的工作电流 I_0,再用测量电路和 E_X 去比较,即 E_X 是通过电势差计和 E_S 相比较的。

3. 用电势差计测量电动势

箱式电势差计的原理如图 3.36 所示,待测电池的两极或待测电势差的两点接到 X_1,X_2。图中的双刀双掷开关 S_1 倒向右侧,则检流计和校准电路联接;S_1 倒向左侧,则检流计和被测电路连接。测电动势时,可如图 3.37 连接电路。

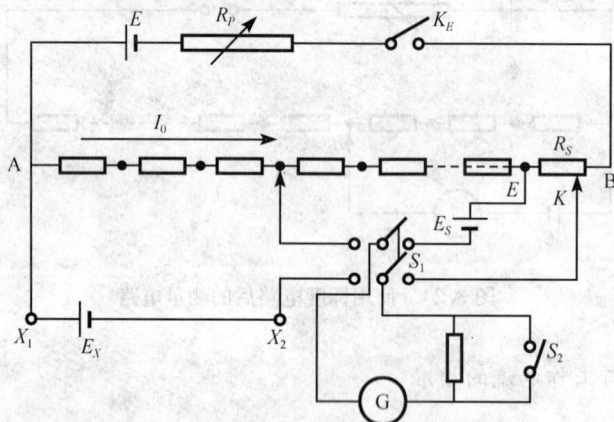

图 3.36　箱式电势差计的原理图

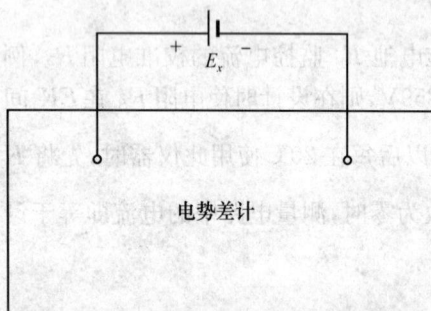

图 3.37　测电动势时的连接电路

【实验步骤】

(1) 观察电势差计面板,了解各旋钮的作用。

(2) 校准工作电流。查出室温下标准电池的电动势,调节 R_S 使之符合此值,由粗到细调节限流电阻 R_S 使电势差计平衡,这就校准了工作电流。实验中途要检查 I_0 是否有变化。如有变化要重新校准。

(3) 测量电动势。

【思考题】

(1) 电势差计为什么能测量电池的电动势?

(2) 为什么要讨论和测量电势差计的灵敏度?

(3) 为什么要使工作电流标准化?

实验 3.12　霍尔效应实验

【实验目的】

(1) 霍尔效应原理及霍尔元件有关参数的含义和作用。

(2) 测绘霍尔元件的 V_H-I_S、V_H-I_M 曲线,了解霍尔电势差 V_H 与霍尔元件工作电流

I_S,磁感应强度 B 及励磁电流 I_M 之间的关系。

（3）学习用"对称交换测量法"消除副效应产生的系统误差。

【实验仪器】

DH4512 型霍尔效应实验仪和测试仪一套。

【实验原理】

霍尔效应是导电材料中的电流与磁场相互作用而产生电动势的效应。1879 年美国霍普金斯大学研究生霍尔在研究金属导电机理时发现了这种电磁现象,故称霍尔效应。后来曾有人利用霍尔效应制成测量磁场的磁传感器,但因金属的霍尔效应太弱而未能得到实际应用。随着半导体材料和制造工艺的发展,人们又利用半导体材料制成霍尔元件,由于它的霍尔效应显著而得到实用和发展,现在广泛用于非电量的测量、电动控制、电磁测量和计算装置方面,也是半导体材料电学参数测量的重要手段。在电流体中的霍尔效应也是目前在研究中的"磁流体发电"的理论基础。近年来,霍尔效应实验不断有新发现。1980 年德国物理学家 Klaus von Klitzing 在研究低温和强磁场下半导体材料的霍尔效应时发现了量子霍尔效应,并因此而获得了 1985 年诺贝尔物理奖。

霍尔效应从本质上讲,是运动的带电粒子在磁场中受洛仑兹力 f_L 的作用而引起的偏转。当带电粒子(电子或空穴)被约束在固体材料中,这种偏转就导致在垂直电流和磁场的方向上产生正负电荷在不同侧的聚积,从而形成附加的横向电场。与此同时运动的电子还受到由于两种积累的异种电荷形成的反向电场力 f_E 的作用。随着电荷积累的增加,f_E 增大,当两力大小相等(方向相反)时,即 $f_L = -f_E$,则电子积累便达到动态平衡。这时在两侧面之间建立的电场称为霍尔电场 E_H,

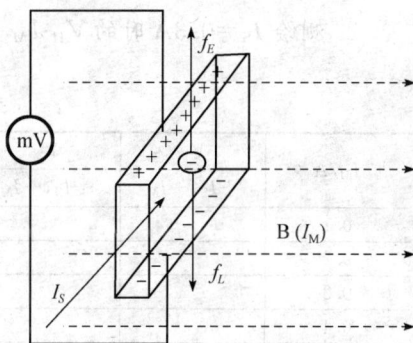

图 3.38　霍尔效应

相应的电势差称为霍尔电势差 V_H(图 3.38)。设电子按平均速度 $\bar{v}$ 运动,所受洛仑兹力为

$$f_L = -e\bar{v}B$$

同时,电场作用于电子的力为

$$f_E = -eE_H = -eV_H/l$$

式中,E_H 为霍尔电场强度,V_H 为霍尔电势,l 为霍尔元件宽度。当达到动态平衡时:

$$f_L = -f_E \quad \bar{v}B = V_H/l$$

设霍尔元件宽度为 l,厚度为 d,载流子浓度为 n,则霍尔元件的工作电流为

$$Is = ne\bar{v}ld$$

由上两式可得

$$V_H = E_Hl = \frac{1}{ne}\frac{IsB}{d} = R_H\frac{IsB}{d} \tag{3.48}$$

即霍尔电压 V_H（A、B 间电压）与 I_S、B 的乘积成正比。比例系数 $R_H=1/(ne)$ 称为霍尔系数，它是反映材料霍尔效应强弱的重要参数。

测量霍尔电势 V_H 时，不可避免的会产生一些副效应，由此而产生的附加电势叠加在霍尔电势上，形成测量系统误差，本实验采用对称测量法消除。

【实验内容】

1. 测绘 $I_M=0.5\mathrm{A}$ 时的 V_H-I_S 曲线（表 3.20）

表 3.20　V_H 与 I_S 值

I_S/mA	V_1	V_2	V_3	V_4	$V_H=(V_1+V_2+V_3+V_4)/4$
	$+I_S,+I_M$	$+I_S,-I_M$	$-I_S,-I_M$	$-I_S,+I_M$	
2.00					
2.50					
3.00					
3.50					
4.00					
4.50					

2. 测绘 $I_S=0.3\mathrm{A}$ 时的 V_H-I_M 曲线（表 3.21）

表 3.21　V_H 与 I_M 值

I_M/A	V_1	V_2	V_3	V_4	$V_H=(V_1+V_2+V_3+V_4)/4$
	$+I_S,+I_M$	$+I_S,-I_M$	$-I_S,-I_M$	$-I_S,+I_M$	
0.1					
0.2					
0.3					
0.4					
0.5					

【实验结果】

（1）将测量数据绘制成 V_H-I_S 和 V_H-I_M 曲线。

（2）V_H-I_S 和 V_H-I_M 是否线性关系，是否与理论符合？

注意事项

（1）测试仪和实验仪必需对应正确连接才能打开电源。

（2）实验前应将霍尔元件传感器盒移至线圈中心，使其在 I_M、I_S 相同时，达到输出 V_H 最大。

（3）为了不使通电线圈过热而受到损害，或影响测量精度，除在短时间内读取有关数据，通过励磁电流 I_M 外，其余时间最好断开励磁电流开关。

（4）打开电源和关闭电源前都必需将 I_S 和 I_M 开关逆时针旋到底。

实验 3.13 制流电路与分压电路

在实验中经常用到制流电路和分压电路。如何根据实验要求正确选择滑线变阻器的参数(阻值和额定电流)，使得负载上的电流和电压能随变阻器触头位置的改变而均匀的变化，即所谓调节的线性较好。做出滑线变阻器的制流特性曲线和分压特性曲线，便可得知滑线变阻器与负载怎样匹配。

【实验目的】

（1）了解基本仪器的性能和使用方法。
（2）掌握制流与分压两种电路的联结方法、性能和特点。

【实验仪器】

毫安表、伏特表、万用电表、直流电源、滑线变阻器、电阻箱、开关、导线。

【实验原理】

控制电路的任务就是控制负载的电流和电压，使它在预计的范围内变化。常用的控制电路是制流电路与分压电路。

1. 制流电路

电路如图 3.39、图 3.40 所示，图中 E 为直流电源，R_0 为滑线变阻器，A 为电流表；R_Z 为负载，本实验采用电阻箱；K 为电源开关。一般情况下负载 R_Z 中的电流为

$$I = \frac{E}{R_Z + R_{AC}} = \frac{\dfrac{E}{R_0}}{\dfrac{R_Z}{R_0} + \dfrac{R_{AC}}{R_0}} = \frac{\dfrac{E}{R_0}}{K + X}$$

式中 $K = \dfrac{R_Z}{R_0}, X = \dfrac{R_{AC}}{R_0}$。

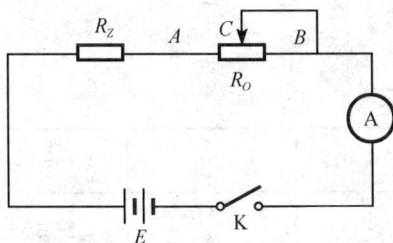

图 3.39 基本制流电路

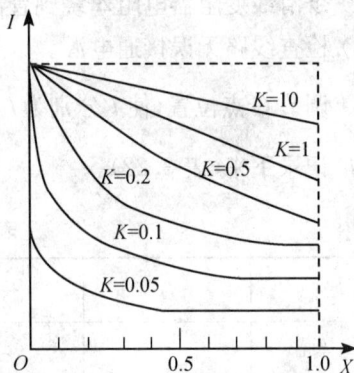

图 3.40 不同 K 值的制流特性曲线

2. 分压电路

分压电路如图 3.41 所示,滑线变阻器两个固定端 A、B 与电源 E 相接,负载 R_Z 接滑动端 C 和固定端 A(或 B)上,当滑动头 C 由 A 端滑至 B 端,负载上电压由 0 变至 E,调节的范围与变阻器的阻值无关。当滑动头 C 在任一位置时,AC 两端的分压值 U 为

$$U = \frac{K \cdot R_{AC} \cdot E}{R_Z + R_{BC} \cdot X}$$

式中 $K = \dfrac{R_Z}{R_0}$,$X = \dfrac{R_{AC}}{R_0}$,$R_0 = R_{AC} + R_{BC}$。

由实验可得不同 K 值的分压特性曲线,如图 3.42 所示。

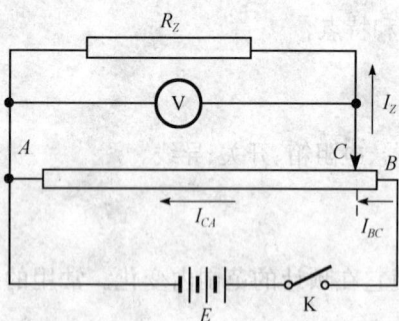

图 3.41　基本分压电路

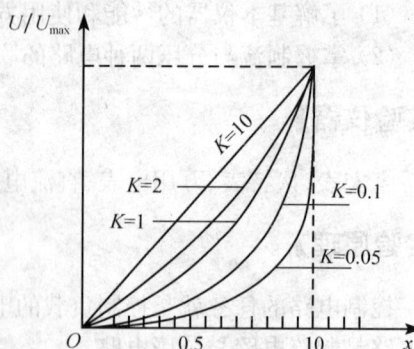

图 3.42　不同 K 值的分压特性曲线

【实验内容】

1. 测绘出 $K = 0.5$ 的一条制流曲线

(1) 按照图 3.39 连接测量线路。

(2) 根据 $R_Z = KR_0$ 把变阻箱拨到适当的位置(如果 $R_0 = 4K\Omega$,则 $R_Z = 2K\Omega$)。

(3) 根据 R_Z 的值及电流表的量程选取电源电压值。

(4) 令滑线变阻器电阻丝绕到管面上的长度为 l_0,AC 之间的长度为 l。

(5) 检查线路无误接通电源。

(6) 调节 C 点位置,使 l 分别为 l_0,$\frac{1}{2}l_0$,$\frac{1}{3}l_0$,$\frac{1}{4}l_0$,$\frac{1}{5}l_0$ 之值,把对应的电流值 I_1,I_2,I_3,I_4,I_5 记录下来(表 3.22)。

表 3.22　电流记录

l	l_0	$\frac{1}{2}l_0$	$\frac{1}{3}l_0$	$\frac{1}{4}l_0$	$\frac{1}{5}l_0$
$X = \frac{l}{l_0}$	1	$\frac{1}{2}$	$\frac{1}{3}$	$\frac{1}{4}$	$\frac{1}{5}$
I					

（7）在直角坐标系中，以纵坐标表示电流，横坐标表示 $\dfrac{l}{l_0}$，把纵坐标为 $I_1, I_2, I_3, I_4,$ I_5，对应的横坐标为 $1, \dfrac{1}{2}, \dfrac{1}{3}, \dfrac{1}{4}, \dfrac{1}{5}$ 各坐标点在直角坐标系中找出，然后用圆滑的曲线把各坐标点连接起来，这条曲线就是 $K = 0.5$ 的一条制流曲线。

2. 测绘一条 $K = 0.1$ 的一条分压曲线

（1）首先按照图 3.41 所示连接线路。
（2）根据 $R_Z = KR_0$ 把变阻箱拨到合适位置。
（3）根据电压表的量程及 R_Z 和 R_0 选取电源电压值。
（4）检查无误接通电源，同时令滑线变阻器电阻丝绕到管面上的长度为 l_0，AC 之间的长度为 l。
（5）改变 C 头位置，依次使 l 为 $l_0, \dfrac{1}{2}l_0, \dfrac{1}{3}l_0, \dfrac{1}{4}l_0, \dfrac{1}{5}l_0$ 并把对应的把电压表指示值 U_1, U_2, U_3, U_4, U_5 记录下来（表 3.23）。

表 3.23 电压记录

l	l_0	$\dfrac{1}{2}l_0$	$\dfrac{1}{3}l_0$	$\dfrac{1}{4}l_0$	$\dfrac{1}{5}l_0$
$X = \dfrac{l}{l_0}$	1	$\dfrac{1}{2}$	$\dfrac{1}{3}$	$\dfrac{1}{4}$	$\dfrac{1}{5}$
U					

（6）在直角坐标系中，以纵坐标表示电压 U，横坐标表示 $\dfrac{l}{l_0}$，把纵坐标为 $U_1, U_2, U_3,$ U_4, U_5 对应的横坐标为 $1, \dfrac{1}{2}, \dfrac{1}{3}, \dfrac{1}{4}, \dfrac{1}{5}$ 各坐标点在本直角坐标系中找出，然后用圆滑的曲线把各坐标点连接起来，连接起来的曲线就是 $K = 0.1$ 的分压曲线。

实验 3.14 眼镜片度数的测定

人眼可简化地看作一个凸透镜，进入人眼的光线经晶状体（眼珠）折射后在视网膜上成像，人便看到了色彩绚丽的世界。在观察远处的物体时睫状肌松弛，眼珠的焦距变大，物体能成像在视网膜上；观察近处的物体时睫状肌收缩，眼珠的焦距变小，物体还是成像在视网膜上。当人的年龄增大时，肌肉的收缩变得困难，近处的物体无法成像在视网膜上，从而无法看清进出的物体成了老花眼，这时需要配一副凸透镜的眼镜（远视眼镜），增加人眼的聚焦能力使它成像在视网膜上。相反，长时间看近距离的物体会使睫状肌过度疲劳，无法放松，远处的物体只能成像在视网膜前，从而不能看清远处的物体变成近视眼，这时需要配一副凹透镜的眼镜（近视眼镜），使远处的像在较近的地方成虚像，然后人眼再将它成像在视网膜上。为了配一副合适的眼镜，就需要准确地测量眼镜片（透镜）的度数。

通常我们所说的眼镜的度数是描述眼镜（透镜）折光强度的，数值上等于焦距（以米为单位)的倒数乘以 100。焦距是薄透镜的光心(通过透镜光心的光线经过透镜时不发生偏折)到其焦点的距离,是薄透镜的重要参数之一,物体通过薄透镜而成像的位置及性质(大小、虚实)均与其有关。焦距测量的是否准确主要取决于光心及焦点(或物的位置、像的位置)定位是否准确。本实验要求用多种方法测量薄透镜的焦距,求得透镜的度数(屈光度),并比较各种方法的优缺点。

【实验目的】

(1) 学会调节光学系统的共轴。

　　光学系统——实验中用到的所有光学器件构成的组合。

　　光学系统共轴——光学系统中所有光学器件的中心共线且平行于光具座。

(2) 掌握薄透镜(眼镜片)焦距的常用的测量方法。

【实验仪器】

光具座、光源、物屏、像屏、凸透镜、凹透镜等。

【实验原理】

1. 近轴情况下薄透镜成像公式(既适合凸透镜也适合凹透镜)

$$\frac{1}{p'} - \frac{1}{p} = \frac{1}{f}$$

(3.49)

式中 p' 为像距(透镜光心到像的距离),p 为物距(透镜光心到物的距离),f' 为像方焦距(透镜光心到像方焦点的距离),不论是像距、物距还是焦距,都要从透镜的光心量起,量取的方向如果与光线传播方向相同其值为正,否则为负(如果是凹透镜,f' 为负值),如图 3.43 所示。

2. 两次成像法(贝塞尔法)(只适合凸透镜)

若保持物屏与像屏之间的距离 D 不变,且 $D > 4f'$,沿光轴方向移动透镜 L,可以在像屏上观察到二次成像。

一次成放大的倒立实像,一次成缩小的倒立实像。如图 3.44 所示,在二次成像时透镜移动的距离为 d,则不难得到透镜的焦距为

$$f' = \frac{D^2 - d^2}{4D}$$

(3.50)

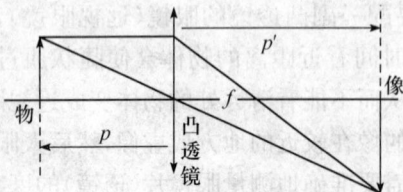

图 3.43　凸透镜成像原理图　　　　　　　图 3.44　凸透镜两次成像原理图

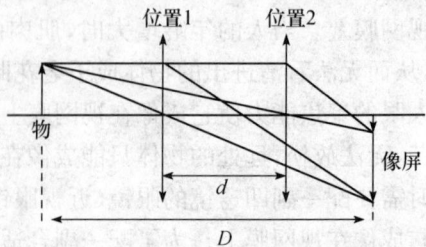

【实验步骤】

1. 调节光学系统的共轴

(1) 粗调:将所有光学元件靠在一起目测大致共轴。

(2) 细调:用两次成像法进行细调。若放大像和缩小像的中心都落在像屏的中心上则光学系统达到了共轴。

若放大像的中心不在像屏中心,则调节透镜的高低左右使之落在像屏的中心。

若缩小像的中心不在像屏中心,则调节像屏的高低左右使之落在像屏的中心。

2. 分别用原理 1 和原理 2 测量凸透镜的焦距

(1) 原理 1:

① 固定物屏并记录其位置 $X_0 =$ _____ cm。

② 变换凸透镜位置,并记录每次凸透镜的位置和成像的位置。该方法最终结果可取 3 位有效数字(表 3.24)。

表 3.24 凸透镜的位置及成像位置

透镜位置 X_1/cm	像位置 X_2/cm	物距 $P = -(X_1-X_0)$/cm	像距 $P' = (X_2-X_1)$/cm	焦距 $f = \dfrac{PP'}{P-P'}$/cm

凸透镜焦距 $\bar{f} =$ _____ cm。

不确定度评定:

$$f = \frac{pp'}{p - p'} = \frac{(x_0 - x_1)(x_2 - x_1)}{x_0 - x_2}$$

由于 x_0、x_1、x_2 位置均为一次测量,所以对位置的不确定度有:

来源于钢尺的不确定度,$\Delta = 0.5\text{mm}$,$u_A(x) = \Delta/\sqrt{3} = 0.29\text{mm}$;

来源于目测位置的不确定度,估计为 $u_B(x) = \Delta/\sqrt{3} = 0.29\text{mm}$;

则 $u_C(x) = \sqrt{u_A^2(x) + u_B^2(x)} = 0.41\text{mm}$。

则焦距的不确定度为

$$u_C(f) = \sqrt{\left(\frac{\partial f}{\partial x_0}\right)^2 u_C^2(x_0) + \left(\frac{\partial f}{\partial x_1}\right)^2 u_C^2(x_1) + \left(\frac{\partial f}{\partial x_2}\right)^2 u_C^2(x_2)}$$

$$= \sqrt{\left(\frac{x_2 - x_1}{x_0 - x_2}\right)^4 u_C^2(x_0) + \left(\frac{2x_1 - x_0 - x_2}{x_0 - x_2}\right)^2 u_C^2(x_1) + \left(\frac{x_0 - x_1}{x_0 - x_2}\right)^4 u_C^2(x_2)}$$

$$= u_C(x) \sqrt{\left(\frac{x_2-x_1}{x_0-x_2}\right)^4 + \left(\frac{2x_1-x_0-x_2}{x_0-x_2}\right)^2 + \left(\frac{x_0-x_1}{x_0-x_2}\right)^4}$$

$$= \underline{\hspace{2cm}} \text{mm}。$$

将每次测量数据带入求出每次测量的焦距的不确定度,平均焦距 $\overline{f}=\dfrac{f_1+f_2+f_3+f_4+f_5}{5}$,总的不确定度为

$$u(\overline{f}) = \sqrt{\frac{u_C^2(f)}{5}} = 0.45 u_C(f) = \underline{\hspace{2cm}} \text{mm}。$$

所以焦距为 $f = \overline{f} \pm u(\overline{f}) = \underline{\hspace{2cm}} \text{mm}。$

(2) 原理 2:

固定物屏并记录其位置 $X_0 = \underline{\hspace{2cm}}$ cm。

变换像屏的位置(表 3.25),并记录每次像屏的位置和凸透镜的"位置 1"即"位置 2" 该方法最终结果可取 4 位有效数字。

表 3.25　像屏的位置及凸透镜的位置

像屏位置 X_1/cm	物像间距 $D=\|X_1-X_0\|$/cm	位置 1 d_1/cm	位置 2 d_2/cm	位置 1 与位置 2 的间距 $d=\|d_2-d_1\|$/cm	凸透镜焦距 $f=\dfrac{D^2-d^2}{4D}$/cm

凸透镜焦距 $\overline{f} = \underline{\hspace{2cm}}$ cm。

不确定度评定:

$$f = \frac{D^2-d^2}{4D} = \frac{(x_1-x_0)^2 - (d_2-d_1)^2}{4\,|\,x_1-x_0\,|}$$

由于 x_0、x_1、d_1、d_2 位置均为一次测量,所以对位置的不确定度有:

来源于钢尺的不确定度,$\Delta=0.5$mm,$u_A(x)=\Delta/\sqrt{3}=0.29$mm;

来源于目测位置的不确定度,估计为 $u_B(x)=\Delta/\sqrt{3}=0.29$mm;

则 $u_C(x) = \sqrt{u_A^2(x) + u_B^2(x)} = 0.41$mm。

则焦距的不确定度为

$$u_C(f) = \sqrt{\left(\frac{\partial f}{\partial x_0}\right)^2 u_C^2(x_0) + \left(\frac{\partial f}{\partial x_1}\right)^2 u_C^2(x_1) + \left(\frac{\partial f}{\partial d_1}\right)^2 u_C^2(d_1) + \left(\frac{\partial f}{\partial d_2}\right)^2 u_C^2(d_2)}$$

$$= \sqrt{\left(\frac{(x_1-x_0)^2 + (d_2-d_1)^2}{4(x_1-x_0)^2}\right)^2 u_C^2(x_0) \times 2 + \left(\frac{d_2-d_1}{2(x_1-x_0)}\right)^2 u_C^2(d_1) \times 2}$$

$$= \sqrt{2} u_C(x) \sqrt{\left(\frac{(x_1-x_0)^2 + (d_2-d_1)^2}{4(x_1-x_0)^2}\right)^2 + \left(\frac{d_2-d_1}{2(x_1-x_0)}\right)^2}$$

$$= \underline{\hspace{2cm}} \text{mm}$$

将每次测量数据带入求出每次测量的焦距的不确定度,平均焦距 $\bar{f} = \dfrac{f_1+f_2+f_3+f_4+f_5}{5}$,

总的不确定度为

$$u(\bar{f}) = \sqrt{\frac{u_C^2(f)}{5}} = 0.45u_C(f) = \underline{\hspace{2cm}}\ \text{mm}$$

所以焦距为

$$f = \bar{f} \pm u(\bar{f}) = \underline{\hspace{2cm}}\ \text{mm}$$

3. 用辅助透镜法测凹透镜的焦距(图 3.45)

(1) 先用辅助凸透镜对物体成一个缩小的实像,以此实像作为待测凹透镜的虚物,记录此虚物的位置 $X_0 = \underline{\hspace{2cm}}$ cm。

(虚物:用来充当物体被成像的像)

(2) 在凸透镜与虚物之间放上待测凹透镜(每次略改变位置),后移像屏再次找到清晰的实像。记录每次凹透镜的位置和该实像的位置。该方法最终结果可取 3 位有效数字(表 3.26)。

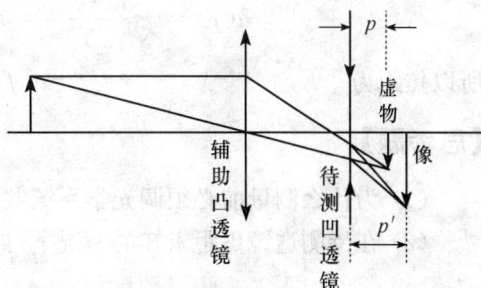

图 3.45 辅助透镜法测凹透镜焦距原理图

表 3.26 凹透镜的位置及该实像位置

凹透镜位置 X_1/cm	像位置 X_2/cm	虚物的物距 $P=(X_0-X_1)$/cm	像距 $P'=(X_2-X_1)$/cm	凹透镜焦距 $f=\dfrac{PP'}{P-P'}$/cm

凹透镜焦距 $\bar{f} = \underline{\hspace{2cm}}$ cm。

不确定度评定:$f = \dfrac{pp'}{p-p'} = \dfrac{(x_0-x_1)(x_2-x_1)}{x_0-x_2}$。

由于 x_0、x_1、x_2 位置均为一次测量,所以对位置的不确定度有:

来源于钢尺的不确定度,$\Delta = 0.5\text{mm}$,$u_A(x) = \Delta/\sqrt{3} = 0.29\text{mm}$;

来源于目测位置的不确定度,估计为 $u_B(x) = \Delta/\sqrt{3} = 0.29\text{mm}$;

则 $u_C(x) = \sqrt{u_A^2(x) + u_B^2(x)} = 0.41\text{mm}$。

焦距的不确定度为

$$u_C(f) = \sqrt{\left(\frac{\partial f}{\partial x_0}\right)^2 u_C^2(x_0) + \left(\frac{\partial f}{\partial x_1}\right)^2 u_C^2(x_1) + \left(\frac{\partial f}{\partial x_2}\right)^2 u_C^2(x_2)}$$

$$= \sqrt{\left(\frac{x_2-x_1}{x_0-x_2}\right)^4 u_C^2(x_0) + \left(\frac{2x_1-x_0-x_2}{x_0-x_2}\right)^2 u_C^2(x_1) + \left(\frac{x_0-x_1}{x_0-x_2}\right)^4 u_C^2(x_2)}$$

$$= u_C(x) \sqrt{\left(\frac{x_2-x_1}{x_0-x_2}\right)^4 + \left(\frac{2x_1-x_0-x_2}{x_0-x_2}\right)^2 + \left(\frac{x_0-x_1}{x_0-x_2}\right)^4}$$

$$= \underline{\hspace{2cm}} \text{mm}$$

将每次测量数据带入求出每次测量的焦距的不确定度,平均焦距 $\overline{f} = \frac{f_1+f_2+f_3+f_4+f_5}{5}$,总的不确定度为

$$u(\overline{f}) = \sqrt{\frac{u_C^2(f)}{5}} = 0.45u_C(f) = \underline{\hspace{2cm}} \text{mm}$$

所以焦距为　　　　　　　　　　$f = \overline{f} \pm u(\overline{f}) = \underline{\hspace{2cm}} \text{mm}$

【思考题】

(1) 为什么测量前必须调光学系统共轴?

(2) 在待测透镜焦距未知的情况下,如何满足二次成像法的条件 $D > 4f$?

实验 3.15　用牛顿环干涉测透镜曲率半径

牛顿环干涉是用分振幅法产生的等厚干涉现象。该实验既不需要很复杂的仪器也不需要特殊的光源,在白光下即可看到清晰的干涉条纹,这一点与其他光学实验是截然不同的,然而它却具有实用的价值。在工厂常利用这一原理检验透镜的曲率,如果只看到极少的干涉条纹即说明产品合乎要求,反之若超过规定的条纹数即为不合格产品。用这样的方法检验产品既简便又能达到很高的准确度,其灵敏度可达光波波长的量级。

【实验目的】

(1) 掌握用牛顿环测定透镜曲率半径的方法。

(2) 通过实验加深对等厚干涉原理的理解。

【实验仪器】

牛顿环仪、钠灯、半透半反镜片(连支架)、移测显微镜等。

牛顿环仪由待测平凸透镜(凸面曲率半径约为 $200\sim700\text{cm}$)L 和磨光的平玻璃板 P 叠合装在金属框架 F 中构成(图 3.46)。框架边上有三个螺旋 H,用以调节 L 和 P 之间

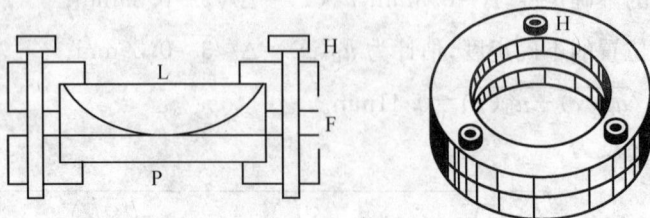

图 3.46　牛顿环结构示意图

的接触,以改变干涉环纹的形状和位置。调节 H 时,螺旋不可旋得过紧,以免接触压力过大引起透镜弹性形变,甚至损坏透镜。

【实验原理】

当一曲率半径很大的平凸透镜的凸面与一磨光平玻璃板相接触时,在透镜的凸面与平玻璃板之间将形成一空气薄膜,离接触点等距离的地方,厚度相同。

如图 3.47 所示,若以波长为 λ 的单色平行光投射到这种装置上,则由空气膜上下表面反射的光波将互相干涉,形成的干涉条纹为膜的等厚各点的轨迹,这种干涉是一种等厚干涉。在反射方向观察时,将看到一组以接触点为中心的亮暗相间的圆环形干涉条纹,而且中心是一暗斑(图 3.48(a));如果在透射方向观察,则看到的干涉环纹与反射光的干涉环纹的光强分布恰成互补,中心是亮斑,原来的亮环处变为暗环,暗环处变为亮环(图 3.48(b)),这种干涉现象最早为牛顿所发现,故称为牛顿环。

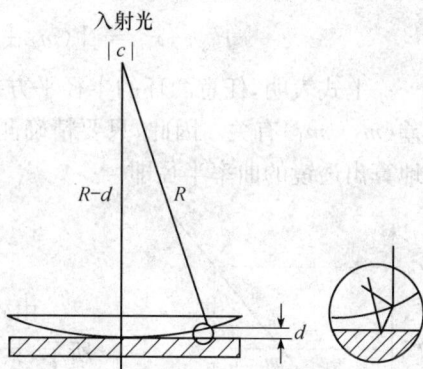

图 3.47 牛顿环等厚干涉示意图

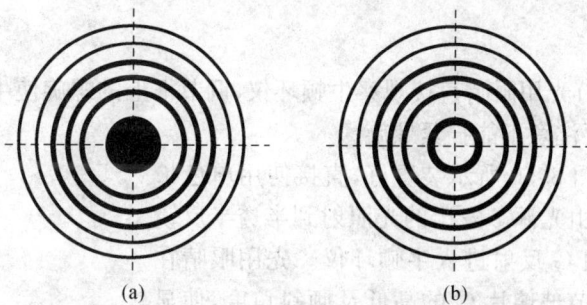

图 3.48 牛顿环干涉环纹示意图

设透镜 L 的曲率半径为 R,形成的 m 级干涉暗条纹的半径为 r_m,m 级干涉亮条纹的半径为 r'_m,不难证明

$$r_m = \sqrt{mR\lambda} \tag{3.51}$$

$$r'_m = \sqrt{(2m-1)R\frac{\lambda}{2}} \tag{3.52}$$

以上两式表明,当 λ 已时,只要测出 m 级暗环(或亮环)的半径,即可算出透镜的曲率半径 R;相反,当 R 已知时,即可算出 λ。但由于两接触镜面之间难免附着尘埃,并且在接触时难免发生弹性形变,因而接触处不可能是一个几何点,而是一个圆面,所以近圆心处环纹比较模糊和粗阔,以致难以确切判定环纹的干涉级数 m,即干涉环纹的级数和序数不一定一致。这样,如果只测量一个环纹的半径,计算结果必然有较大的误差。为了减少误差,提高测量精度,必须测量距中心较远的、比较清晰的两个环纹的半径。例如,测量第

m_1 和第 m_2 个暗环(或亮环)的半径(这里 m_1 和 m_2 均为环序数,不一定是干涉级数),因而式(3.51)应修正为

$$r_m^2 = (m+j)R\lambda \tag{3.53}$$

式中 m 为环序数,$(m+j)$ 为干涉级数(j 为干涉级修正值),于是

$$r_{m_2}^2 - r_{m_1}^2 = [(m_2+j) - (m_1+j)]R\lambda = (m_2 - m_1)R\lambda$$

上式表明,任意两环的半径平方差和干涉级以及环序数无关而只与两个环的序数之差 $(m_2 - m_1)$ 有关。因此,只要精确测定两个环的半径,由两个半径的平方差值就可准确地算出透镜的曲率半径即

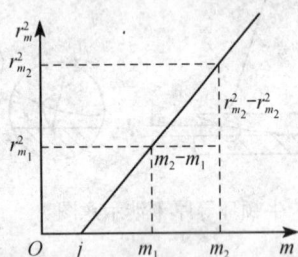

图 3.49　r_m^2-m 关系曲线

$$R = \frac{r_{m_2}^2 - r_{m_1}^2}{(m_2 - m_1)\lambda} \tag{3.54}$$

由式(3.53)还可以看出,r_m^2 与 m 成直线关系,如图 3.49 所示,其斜率为 $R\lambda$。因此也可以测出一组暗环(或亮环)的半径 r_m^2 和它们相应的环序数 m,做 r_m^2-m 的关系曲线,然后从直线的斜率 $k = R\lambda = \dfrac{r_{m_2}^2 - r_{m_1}^2}{m_2 - m_1}$,算出 R 显然和式(3.54)的结果是一致的。

【实验步骤】

(1) 借助室内灯光用眼睛直接观察牛顿环仪,调节框上的螺旋使牛顿环呈圆形,并位于透镜的中心,但要注意不能拧紧螺旋。

(2) 将仪器按图 3.50 所示装置好,直接使用单色扩展光源钠灯照明。由光源 S 发出的光照射到半透半反镜 G 上,使一部分光由 G 反射进入牛顿环仪。先用眼睛在竖直方向观察。调节玻璃片 G 的高低及倾斜角度,使显微镜视场中能观察到黄色明亮的视场。(问:实验为何用扩展光源代替平行光源,对实验结果有否影响?)

(3) 调节移测显微镜 M 的目镜,使目镜中看到的叉丝最为清晰。将移测显微镜对准牛顿环仪的中心,从下向上移动镜筒对干涉条纹进行调焦,使看到的环纹尽可能清晰,并与显微镜的测量叉丝之间无视差。测量时,显微镜的叉丝最好调节成其中一根叉丝

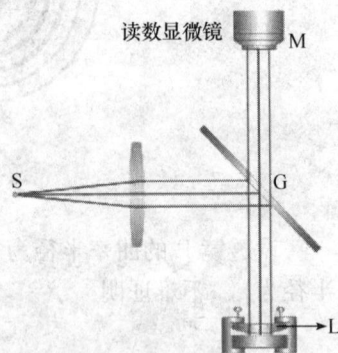

图 3.50　仪器安装示意图

与显微镜的移动方向相垂直,移动时始终保持这根叉丝与干涉环纹相切,这样便于观察测量。

(4) 用移测显微镜测量干涉环的半径,测量时由于中心附近比较模糊,一般取 m 大于 3,至于 $(m_2 - m_1)$ 取多大,可根据所观察的牛顿环去定。但是从减小测量误差考虑 $(m_2 - m_1)$ 不宜太小。下面举一测量方案供参考。

从第 3 暗环到第 22 暗环测出各环直径两端的位置 x_k、x_k',要从最外侧的位置 x_{22} 开始

连续测量,直至 x'_{22} 为止(图 3.51)。

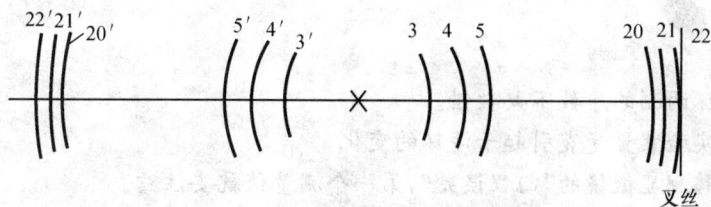

图 3.51　干涉环半径的测量

各环的半径 $r_k = \dfrac{1}{2}|x'_k - x_k|$,取 $m_2 - m_1 = 10$,可得

$$\Delta_1 = r_{13}^2 - r_3^2, \quad \Delta_2 = r_{14}^2 - r_4^2, \cdots, \Delta_{10} = r_{22}^2 - r_{12}^2$$

从式(3.53)可知上列各 Δ 值应相等,取其平均值作为 $(r_{m_2}^2 - r_{m_1}^2)$ 的测量值去计算 R。

(问:如果测量的不是干涉环半径,而是干涉环的半弦,对实验有否影响,为什么?)[参照式(3.54)]

(5) 计算平凸透镜的曲率半径 R 及其标准偏差。

计算 R 时可以依据式(3.53)或式(3.54)进行,钠黄光波长 λ 取 589.3nm。

【实验结果】

(1) 测量数据(表 3.27):

表 3.27　测量数据

x_{12}	x_{11}	x_{10}	x_9	x_8	x_7	x_6	x_5	x_4	x_3
x'_{12}	x'_{11}	x'_{10}	x'_9	x'_8	x'_7	x'_6	x'_5	x'_4	x'_3

(2) 曲率半径计算:

$$r_{12} = \frac{x_{12} - x'_{12}}{2}, \quad r_{11} = \frac{x_{11} - x'_{11}}{2}, \quad r_{10} = \frac{x_{10} - x'_{10}}{2}, \quad r_9 = \frac{x_9 - x'_9}{2}, \quad r_8 = \frac{x_8 - x'_8}{2},$$

$$r_7 = \frac{x_7 - x'_7}{2}, \quad r_6 = \frac{x_6 - x'_6}{2}, \quad r_5 = \frac{x_5 - x'_5}{2}, \quad r_4 = \frac{x_4 - x'_4}{2}, \quad r_3 = \frac{x_3 - x'_3}{2}$$

$$R_1 = \frac{r_8^2 - r_3^2}{(8-3)\lambda}, \quad R_2 = \frac{r_9^2 - r_4^2}{(9-4)\lambda}, \quad R_3 = \frac{r_{10}^2 - r_5^2}{(10-5)\lambda}, \quad R_4 = \frac{r_{11}^2 - r_6^2}{(11-6)\lambda}, \quad R_5 = \frac{r_{12}^2 - r_7^2}{(12-7)\lambda}$$

$$R = \frac{R_1 + R_2 + R_3 + R_4 + R_5}{5} = \underline{\qquad\qquad}$$

(3) 标准偏差的估计值:

$$\sigma = \sqrt{\frac{\sum_{i=1}^{5}(R_i - \bar{R})^2}{5-1}}$$

注意事项

(1) 干涉环两测的序数不要数错。

(2) 防止实验装置受震引起干涉环的变化。

(3) 防止移测显微镜的"回程误差",第一个测量值就要注意。

(4) 平凸透镜 L 及平板玻璃 P 的表面加工不均匀是此实验的重要的误差来源,为此应测大小不等的多个干涉环的直径去计算 R,可得平均的效果。

【思考题】

(1) 如果被测透镜是平凹透镜能否应用本实验方法测定其凹面的曲率半径? 试说明理由并推导相应的计算公式。

(2) 如何改变图 3.50 的实验光路,以观察透射光所产生的干涉条纹?

(3) 本实验有哪些系统误差? 怎样减小? 若牛顿环仪平面玻璃系曲率半径为 R_2 的凸球面(等于待测球面曲率半径 R_1 的 10 倍),试分析说明对计算公式的修正。

第四章 提高型实验

实验 4.1 刚体转动惯量的测量

转动惯量是刚体转动时惯量大小的度量,是表明刚体特性的一个物理量。刚体转动惯量除了与物体的质量有关外,还与转轴的位置和质量分布(即形状、大小和密度分布)有关。如果刚体形状简单,且质量分布均匀,可以直接计算出它绕特定转轴的转动惯量。对于形状复杂、质量分布不均匀的刚体,计算将极为复杂,通常采用实验方法来测定。

【实验目的】

(1) 了解多功能计数,计时毫秒仪实时测量的基本方法。
(2) 用刚体转动法测定物体的转动惯量。
(3) 验证转动定律及平行轴定理。

方法一 三 线 摆

【实验原理】

图 4.1 是三线摆实验装置示意图。三线摆是上、下两个匀质圆盘,通过三条等长的摆线(摆线为不易拉伸的细线)连接而成。上、下圆盘的三悬点构成等边三角形,下盘处于悬

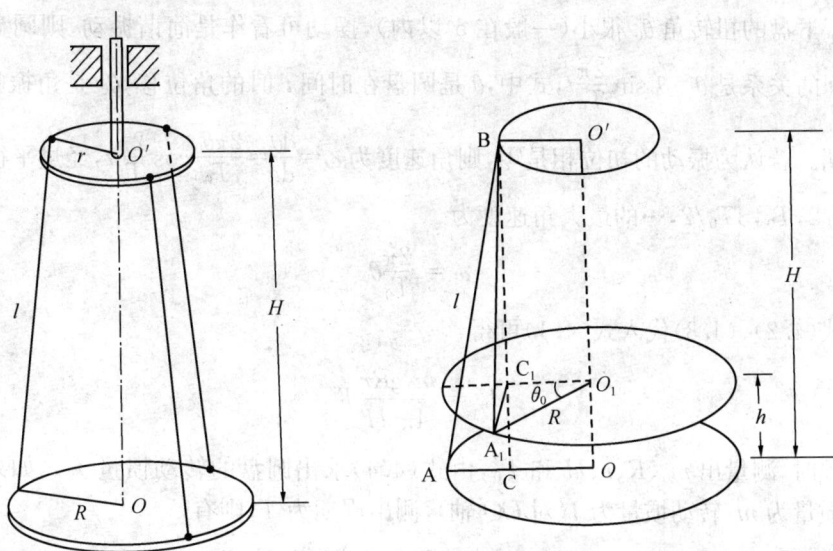

图 4.1 三线摆装置、原理图

挂状态,并可绕 OO' 轴线做扭转摆动,称为摆盘。由于三线摆的摆动周期与摆盘的转动惯量有一定关系,所以把待测样品放在摆盘上后,三线摆系统的摆动周期就要相应地随之改变。这样,据摆动周期、摆盘质量以及有关的参量,就能求出摆盘系统的转动惯量。

设下盘质量为 m_0,当它绕 OO' 扭转的最大角位移为 θ_0 时,圆盘的中心位置升高 h,这时圆盘的动能 E_k 全部转变为重力势能 E_p,因而有 $E_p=m_0gh$。

当下盘重新回到平衡位置时,重心降到最低点,这时最大角速度为 ω_0,重力势能 E_p 被全部转变为动能 E_k,因而有 $E_k=\frac{1}{2}I_0\omega_0^2$,式中,$I_0$ 是下盘对于通过其重心且垂直于盘面的 OO' 轴的转动惯量。如果忽略摩擦力,根据机械能守恒定律可得

$$m_0gh=\frac{1}{2}I_0\omega_0^2 \tag{4.1}$$

设悬线长度为 l,下盘悬线距圆心为 R,当下圆盘转过一角度 θ_0 时,从上圆盘 B 点做下圆盘垂线,与升高 h 前、后下圆盘分别交于 C 和 C_1,如图 4.1 所示,则有

$$h=BC-BC_1=\frac{(BC)^2-(BC_1)^2}{BC+BC_1}$$

因为 $(BC)^2=(AB)^2-(AC)^2=l^2-(R-r)_2$
$\qquad (BC_1)^2=(A_1B)^2-(A_1C_1)^2=l^2-(R^2+r^2-2Rr\cos\theta_0)$

所以 $h=\dfrac{2Rr(1-\cos\theta_0)}{BC+BC_1}=\dfrac{4Rr\sin^2\frac{\theta_0}{2}}{BC+BC_1}$,在扭转角 θ_0 很小的情况下,摆长 l 很长时,$\sin\frac{\theta_0}{2}\approx\frac{\theta_0}{2}$,而 $BC+BC_1\approx2H$,其中 $H=\sqrt{l^2-(R-r)^2}$,式中 H 为上下两盘之间的垂直距离 r 为上盘半径。则

$$h=\frac{Rr\theta_0^2}{2H} \tag{4.2}$$

由于下盘的扭转角 θ_0 很小(一般在 5°以内),摆动可看作是简谐振动,则圆盘的角位移与时间的关系是 $\theta=\theta_0\sin\frac{2\pi}{T_0}t$,式中,$\theta$ 是圆盘在时间 t 时的角位移,θ_0 是角振幅,T_0 是振动周期。若认为振动的初位相是零,则角速度为 $\omega=\frac{\mathrm{d}\theta}{\mathrm{d}t}=\frac{2\pi\theta_0}{T_0}\cos\frac{2\pi}{T_0}t$,经过平衡位置时 $t=0,T_0/2,T_0,3T_0/2,\cdots$ 的最大角速度为

$$\omega=\frac{2\pi}{T_0}\theta_0 \tag{4.3}$$

将式(4.2)、(4.3)代入式(4.1)可得

$$I_0=\frac{m_0gRr}{4\pi^2H}T_0^2 \tag{4.4}$$

实验时,测量出 m_0、R、r、H 和 T_0,由式(4.4)求出圆盘的转动惯量 I_0。如果在下盘上放上质量为 m,转动惯量为 I(对 OO' 轴),测出周期为 T,则有

$$I+I_0=\frac{(m+m_0)gRr}{4\pi^2H}T_2 \tag{4.5}$$

从式(4.5)减去式(4.4)得到被测量物体的转动惯量 I 为

$$I = \frac{gRr}{4\pi^2 H}\left[(m+m_0)T^2 - m_0 T_0^2\right] \tag{4.6}$$

对于质量为 m，内、外直径分别为 d、D 的均匀圆环，理论上通过其中心的垂直轴线的转动惯量为

$$I = \frac{1}{2}m\left[\left(\frac{d}{2}\right)^2 + \left(\frac{D}{2}\right)^2\right] = \frac{1}{8}m(d^2 + D^2)$$

而对于质量为 m_0、直径为 D_0 的圆盘，相对于中心轴的转动惯量为 $I_0 = \frac{1}{8}m_0 D_0^2$。

【实验内容】

1. 测量下盘和圆环对中心轴的转动惯量

(1) 调节上盘绕线螺丝使三根线等长(50cm 左右)；调节底脚螺丝，使上、下盘处于水平状态(水平仪放于下圆盘中心)。

(2) 待三线摆静止后，用手轻轻扭转上盘 5°左右，然后迅速扭回，使下盘绕仪器中心轴做小角度扭转摆动(不应伴有晃动)。用数字毫秒计测出 50 次完全振动的时间 t_0，重复测量三次求其平均值，并计算出下盘空载时的振动周期 T_0。

(3) 将待测圆环放在下盘上，使它们的中心轴重合。再用数字毫秒计测出 50 次完全振动的时间 t，重复测量 3 次求平均值，算出此时的振动周期 T。

(4) 测出圆环质量 m、内外直径 d、D 及仪器有关参量(m_0、R、r、和 H 等)。

因下盘对称悬挂，使三悬点正好连成一等边三角形(图 4.2)。若测得两悬点间的距离为 L，则圆盘的有效半径 R(圆心到悬点的距离)等于 $L/\sqrt{3}$。

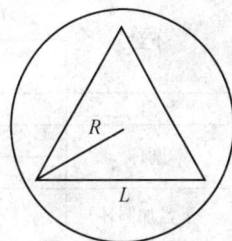

图 4.2 下盘悬点示意图

(5) 将实验数据填入表(4.1)中。先由式(4.4)推出 I_0 的相对不确定度公式，算出 I_0 的相对不确定度、不确定度，并写出 I_0 的测量结果。再由式(4.6)算出圆环对中心轴的转动惯量 I，并与理论值比较，计算出不确定度、相对不确定度，写出 I 的测量结果。

2. 验证平行轴定理

将两个相同的圆柱体对称的置于下圆盘上如图 4.3 所示，圆柱体中心到下盘中心的距离均为 x。设圆柱体的质量为 m_1，对圆柱体轴线的转动惯量为 I_1，则根据平行轴定理，如图 4.3 所示放置圆柱体时，下盘加圆柱体后的转动惯量为 $I_0 + 2(I_1 + m_1 x^2)$。

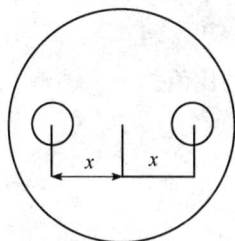

图 4.3 验证平行轴定量

其总质量为 $m_0 + 2m_1$，根据式(4.4)可得 $T_0^2 = \frac{4\pi^2 H}{m_0 gRr}I_0$，从而有

$$T^2 = \frac{4\pi^2 H}{(m_0 + 2m_1)gRr}\left[I_0 + 2(I_1 + m_1 x^2)\right]$$

改变此式可以写成

$$T^2 = \left[\frac{4\pi^2 H}{(m_0+2m_1)gRr}(I_0+2I_1)\right] + \left[\frac{4\pi^2 H \cdot 2m_1}{(m_0+2m_1)gRr}\right]x^2$$

测量时,从 $x=0$ 开始改变圆柱体的位置,测出各 x 值的周期,做 $T^2\text{-}x^2$ 直线,该直线的斜率等于 $\dfrac{4\pi^2 H \cdot 2m_1}{(m_0+2m_1)gRr}$,直线的纵轴截距等于 $\dfrac{4\pi^2 H}{(m_0+2m_1)gRr}(I_0+2I_1)$,直线的截距和斜率的比值等于 $\dfrac{I_0+2I_1}{2m_1}$,验证平行轴定理,在此就是检验:

(1) $T^2\text{-}x^2$ 是否为线性关系。

(2) 直线的斜率与截距的比值是否等于 $\dfrac{I_0+2I_1}{2m_1}$(在误差范围内)。

【数据处理】(表 4.1)

(1) 下盘质量 $m_0 = $ _____ g,圆环质量 $m = $ _____ g。

表 4.1　三线摆数据记录表

待测物体	待测量	测量次数			平均值
		1	2	3	
上盘	半径 r/cm				
下盘	有效半径 $R=\dfrac{L}{\sqrt{3}}$/cm				
	周期 $T_0=\dfrac{t_0}{50}$/s				
上、下盘	垂直距离 H/cm				
圆环	内径 d/cm				
	外径 D/cm				
下盘加圆环	周期 $T=\dfrac{t_0}{50}$/s				
下盘加圆柱	$x=0$/cm 周期 T/s				
	$x=2$/cm 周期 T/s				
	$x=4$/cm 周期 T/s				
	$x=6$/cm 周期 T/s				

(2) 根据表 4.1 中数据计算出相应量,并将测量结果表达为

下盘:$\overline{I_0} = $ _____ g·cm^2;$\Delta I_0 = $ _____ g·cm^2;

　　$E = \dfrac{\Delta I_0}{I_0} = $ _____ %;$I_0 = \overline{I_0} \pm \Delta I_0 = $ _____ ± _____ g·cm^2。

圆环:$\overline{I} = $ _____ g·cm^2;$\Delta I = $ _____ g·cm^2;

　　$E = \dfrac{\Delta I}{I} = $ _____ %;$I = \overline{I} \pm \Delta I = $ _____ ± _____ g·cm^2。

(3) 验证平行轴定理:做出 $T^2\text{-}x^2$ 直线,求出直线的截距与斜率的比值。

方法二　转动惯量测量仪

【实验原理】

1. 转动力矩、转动惯量和角加速度的关系

实验仪装置如图 4.4 所示。当塔轮系统受外力作用时,系统做匀加速转动。塔轮系

统所受的外力矩有二个,一个为绳子张力 T 产生的力矩 $M=T\cdot r$,r 为塔轮上绕线轮的半径,M_μ 为摩擦力矩。所以

$$M+M_\mu=J\beta_2$$

即
$$T\cdot r+M_\mu=J\beta_2 \tag{4.7}$$

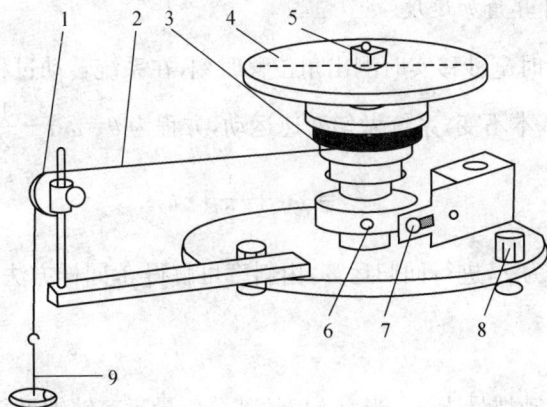

图 4.4 转动惯量实验仪

1. 定滑轮;2. 挂线;3. 塔轮系统;4. 铝制圆盘;5. 固定螺母;6. 磁钢;7. 霍尔位置传感器;8. 底盘调平螺母;9. 砝码

式(4.7)中 β_2 为系统的角加速度,此时为正值,J 为转动系统的转动惯量,M_μ 为摩擦力矩,数值为负。由牛顿第二定律可知,设砝码 m 下落时的加速度为 a,则运动方程为 $mg-T=m\cdot a$。绳子张力 T 为 $T=m(g-r\cdot\beta_2)$。

当砝码与绕线塔轮脱离后,此时砝码力矩 $M=0$,摩擦力矩 M_μ 使系统做角减速运动。角加速度 β_1 数值为负。

$$M_\mu=J\cdot\beta_1 \tag{4.8}$$

由方程式(4.7)、式(4.8)可得
$$m(g-r\cdot\beta_2)\cdot r+J\beta_1=J\beta_2。$$

可以解得
$$J=\frac{m(g-r\cdot\beta_2)\cdot r}{\beta_2-\beta_1} \tag{4.9}$$

2. 角加速度的测量

设转动体系 $t=0$ 时刻初角速度为 ω_0,角位移为 0,转动 t 时间后,其角位移为 θ,转动中角加速度为 β,则 $\theta=\omega_0 t+\frac{1}{2}\beta\cdot t^2$,若测得 θ_1、θ_2 与其对应的时间 t_1、t_2,可得

$\theta_1=\omega_0 t_1+\frac{1}{2}\beta\cdot t_1^2$,$\theta_2=\omega_0 t_2+\frac{1}{2}\beta\cdot t_2^2$,可以解得

$$\beta=\frac{2(\theta_2 t_1-\theta_1 t_2)}{t_2^2\cdot t_1-t_1^2\cdot t_2} \tag{4.10}$$

实验时角位移 θ_1、θ_2 可取为 2π、4π、…实验转动系统转过 π 角位移,计数计时毫仪的计数窗内计数次数+1,计数为 0 做为角位移开始时刻,实时记录转过 π 角位移的时刻,计

算角位移时间时应减去角位移开始时刻,应用公式(4.10)得到角加速度。

在求角加速度 β_1 时,注意砝码挂线与绕线塔轮脱离的时刻,以下一时刻作为角位移起始时刻,计算角位移时间时,减去该角位移的起始时刻,在该时间段内系统角加速度为负。

3. 线性回归法计算角加速度

用多功能计数计时毫秒移实时测出角位移时刻,在系统转动过程中(即采集数据的时间内)摩擦力矩 M_μ 基本不变,系统做匀变速运动,方程为 $\theta = \omega_0 t + \frac{1}{2}\beta \cdot t^2$,做如下变换

$$\frac{\theta}{t} = \omega_0 + \frac{1}{2}\beta \cdot t$$

把 $\frac{\theta}{t}$ 作为 y,t 作为 x,进行回归运算,由斜率可解得 β,同样方法可解得角减速度 β'。

4. 平行轴定理

设转动体系的转动惯量为 J_0,当有 M_1 的部分质量远离转轴平行移动 d 的距离后,则体系的转动惯量变为

$$J = J_0 + M_1 d^2$$

【实验方法】

测转动体系的转动惯量实验中的角加速度 β_1,β_2 的方法如下:

(1) 放置仪器,滑轮置于实验台外 $3\sim4$cm,调节仪器水平。设置毫秒仪计数次数。

(2) 连接传感器和计数计时毫秒仪。红线接 $+5V$ 接线柱,黑线接 GND,黄线接 INPUT。

(3) 调节霍尔传感器与磁钢之间的距离为 $0.2\sim0.4$cm,复位毫秒移,转动磁钢与传感器相对时,毫秒仪低电平指示灯亮,计时计数开始。

(4) 将砝码挂线一端打结,沿塔轮上开的隙缝塞入,并整齐的饶于半径为 r 的塔轮上。

(5) 调节滑轮的方向和高度,使挂线与绕线塔轮相切,挂线与塔轮的中间平行。

(6) 释放砝码,系统加速转动,注意砝码落地时的计数数值。

(7) 记录毫秒仪从 0 转过 1π,2π,…角位移相对应的时刻。

【实验内容】

(1) 以铝盘中心孔安装铝盘,组成转动系统,测定系统的转动惯量 J_0。

(2) 以铝盘作为载物台,同轴加载钢质环形样品,测定环形样品的转动惯量 $J_{环}$,以其理论值 $J_{理}$ 作为真值计算出测量值的百分差。

(3) 验证平行轴定理:以铝盘偏心孔为转轴,偏心距 $d = 2.0$m,3cm.0,4cm.0cm,分别测定系统的转动惯量 J_1、J_2、J_3。计算平移轴所产生的转动惯量的增量 $\Delta J_1 = Md^2$,计算出测量值 J_1 与理论值 $J_1' = J_0 + \Delta J_1$ 的百分差。

【数据处理】(表 4.2)

表 4.2　数据记录表

次　数	$T_{0\pi}/s$	$T_{2\pi}/s$	$T_{4\pi}/s$	$T_{12\pi}/s$	$T_{14\pi}/s$	$T_{16\pi}/s$	t_1/s	t_2/s	t_3/s	t_4/s
1										
2										
3										
4										
5										

次　数	$\beta_2/\pi s^2$	$\beta_1/\pi s^2$	J/kgm^2
1			
2			
3			
4			
5			

表中 $\beta_2=\dfrac{2(\theta_2 t_1-\theta_1 t_2)}{t_1 t_2(t_2-t_1)}=\dfrac{4\pi(2t_1-t_2)}{t_1 t_2(t_2-t_1)}$；$\beta_1=\dfrac{2(\theta_4 t_3-\theta_3 t_4)}{t_3 t_4(t_4-t_3)}=\dfrac{4\pi(2t_3-t_4)}{t_3 t_4(t_4-t_3)}$

$\theta_1=2\pi,t_1=T_{2\pi}-T_0$；$\theta_2=4\pi,t_2=T_{4\pi}-T_0,t_3=T_{14\pi}-T_{12\pi},t_4=T_{16\pi}-T_{12\pi}$

其他实验内容的数据处理请同学自拟。

实验 4.2　液体表面张力系数的研究

液体表面层的分子有从液面挤入液内的趋势,从而使液体有尽量缩小其表面的趋势,整个液面如同一张拉紧了的弹性薄膜,我们把这种沿着液体表面,使液面收缩的力称为表面张力。作用于液面单位长度上的表面张力,称为液体的表面张力系数。当前测定表面张力系数的方法很多,主要有:拉脱法、毛细管法、滴重法、最大泡压法、挂片法、脱环法等。本实验采用拉脱法测定水的表面张力系数。

【实验目的】

(1) 了解液体表面的性质。
(2) 熟悉用焦利弹簧秤测量微小力的方法。
(3) 研究用拉脱法测定表面张力系数的具体情况。

方法一　焦利氏弹簧秤拉脱法

【实验仪器】

焦利弹簧秤、被测液体、游标卡尺、矩形金属框、烧杯、砝码及托盘等。

【实验原理】

我们设想在液面上做一长为 L 的线段,则表面张力的作用就表现在线段两边的液体

以一定的力 F 相互作用,且作用力的方向与 L 垂直,其大小与线段的长度成正比。即 $F=\gamma \cdot L$,式中 γ 为液体的表面张力系数,即作用于液面单位长度上的表面张力。

采用拉脱法测定液体的表面张力系数是直接测定法,通常采用物体的弹性形变来量度力的大小。

若将一个矩形细金属丝框浸入被测液体内,然后再慢慢地将它向上拉出液面,可看到金属丝带出一层液膜,如图 4.5 所示。设金属丝的直径为 a,拉起液膜将破裂时的拉力为 F,膜的高度为 h,膜的宽度为 b,因为拉出的液膜有前后两个表面,而且其中间有一层厚度近似为 a 的被测液体,且这部分液体有自身的重量,故它所受到的重力为 $mg=bah\rho g$(由于金属丝的直径很小,所以这一项很小,一般忽略不计),所受表面张力为 $2f=2\gamma(b+a)$,故有 $F=2f+Mg$ 或变形为

$$\gamma = \frac{(F-Mg)}{2(b+a)} \qquad (4.11)$$

式中 ρ 为被测液体的密度,g 为当地重力加速度,Mg 为金属框所受重力与浮力之差。

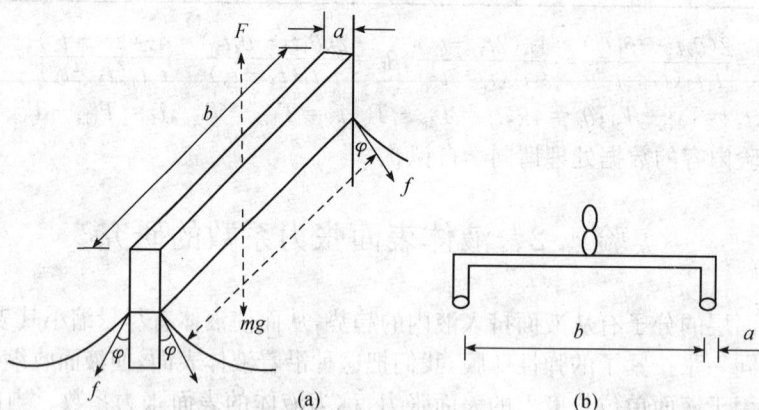

图 4.5　金属框拉出的液膜

从式(4.11)可以看出,只要实验测定出 $(F-Mg)$、b、a 等物理量,由式(4.11)便可算出液体的表面张力系数 γ。显然,b、a 都比较容易测,只有 $F-Mg$ 是一个微小力,用一般的方法难以测准。故本实验的核心是测量这个微小力 F,利用焦利弹簧秤测量。

表面张力系数与液体的种类、纯度、温度和液体上方的气体成分有关。实验表明,液体的温度约高,γ 的值约小;所含杂质越多,γ 的值也越小。

【实验仪器】

如图 4.6 所示,焦利秤实际上是一个精细的弹簧秤,是测量微小力的仪器。在直立的金属套筒内设有可上下移动的金属杆,1 的上端设有游标 2,1 的横梁上悬一根细弹簧 8,8 下端挂有圆柱形 10 并有水平刻线 G,(也称指标杆 G),G 的下方设一小钩,用来悬挂砝码盘或矩形金属丝框架。金属套筒的中下部附有刻有横线的玻璃套筒 9 和能够上下移动的平台 6。金属套筒的下端设有旋钮 4,转动 4 可使金属杆 1 上下移动,移动的距离由 1 上的

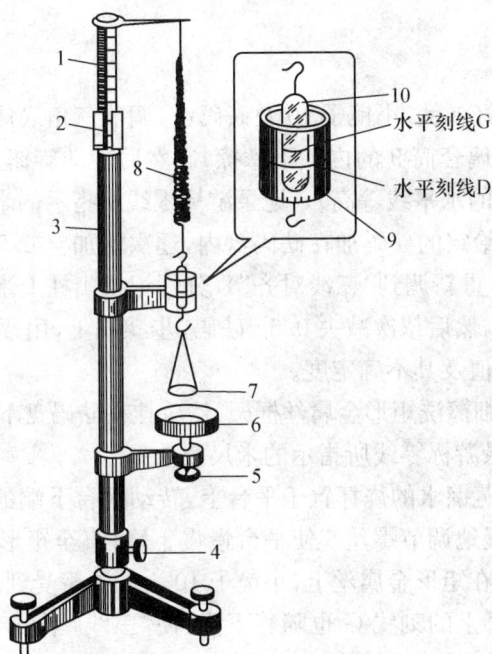

图 4.6　焦利氏称

1. 标尺；2. 游标；3. 立柱；4. 外力柱旋钮；5. 平台调节旋钮；6. 液体杯；
7. 张力模具；8. 弹簧；9. 玻璃管；10. 带镜挂钩

刻度和游标 2 来确定。

使用时，先照图 4.6 正确安装仪器，使带横线的小镜子 10 穿过玻璃套筒 9 的内部，并使镜面朝外。调节底座上的螺钉，使小镜子 10 沿竖直方向振动时不与玻璃套筒 9 发生摩擦。然后应旋转旋钮 4，使小镜子 10 上的刻线与玻璃套筒 9 上的刻线以及 9 上刻线在小镜子里的像三者相互对齐，即所谓"三线对齐"。用这种方法保证弹簧的下端的位置是固定不变的，而弹簧的上端可以向上沿伸，需要确定弹簧的伸长时，可由 1 上的米尺和游标 2 来确定（即伸长前、后两次的读数之差值）。

根据胡克定律，在弹性限度内，弹簧的伸长量 Δx 与所加的外力 F 成正比，即 $F = K\Delta x$，式中 K 是弹簧的劲度系数，对一特定的弹簧，K 值是确定的。如果我们将已知重量的砝码加在砝码盘中，测出弹簧的伸长量，即可算出弹簧的 K 值，这一步骤称为焦利秤的校准。使用焦利秤测量微小力时，应先校准。利用校准后的焦利秤，就可测出弹簧的伸长量，从而求得作用于弹簧上的外力 F。

弹簧的劲度系数越小，就越容易伸长，即弹簧越细，各螺旋环的半径越大，弹簧的圈数越多，K 值就越小，弹簧越容易伸长。同时弹簧材料的切变模量越小，弹簧越容易伸长。选用 K 值小的弹簧，其测量微小力的灵敏度就高。所以本实验中，一定要在有关实验人员的指导下得知弹簧的最大负荷值，并且在使用、安装过程中一定要轻拿轻放，倍加爱护。

【实验内容】

(1) 按照图 4.6 挂好弹簧、小镜子 10 及砝码盘,调节三角底座上的螺钉使小镜子 10 铅直(即小镜子 10 与玻璃套筒 9 的内壁不摩擦)。然后转动旋钮 4,使"三线对齐"(观察时眼睛要与玻璃套筒上的水平线等高)。记录游标零线所指示的米尺上的读数 L_0。

(2) 依次将实验室给定的砝码加在砝码盘内,逐次增加至 0.5g,1.0g,…,3.5g(每加一次均需要转动旋钮 4,重新调到"三线对齐"),分别记录 1 柱上米尺的读数 L_1、L_2…L_9,并在表 4.3 中记录数据,然后依次减去 0.5g 砝码,步骤同上,用逐差法求弹簧的劲度,再算出劲度系数是的平均值及其不确定度。

(3) 用酒精棉球仔细擦洗矩形金属丝框架,然后挂在砝码盘下的小钩上,转动旋钮 4,重新使"三线对齐",记录游标零线所指示的米尺读数 S_0。

(4) 将盛有多半杯蒸馏水的烧杯置于平台上,转动平台下端的螺丝 5,使矩形金属丝框先浸入水中,然后缓慢地调节螺丝 5 使平台慢慢下降,直至矩形金属丝横臂高出水面,此时水的表面张力作用在矩形金属丝上,小镜子 10 上的弹簧受到向下的表面张力的作用也随之伸长,这样小镜子上的刻线 G 也随着下降,使"三线"不再对齐。眼睛对准玻璃套筒上的水平刻线 D,用另一只手缓缓向上旋动旋钮 4,使"三线"重新对齐,同时调节平台调节旋钮 5 使之再下降,直到矩形金属丝框架下的水膜刚要断裂止(或刚刚断裂)。先观察几次水膜在调节过程中不断被拉伸、最后破裂的现象。然后再把金属丝框架欲要脱离而尚未脱离水膜的一瞬时的米尺 1 上的读数 S_1 记录下来。

(5) 重复步骤 3 和 4 五次,测出弹簧的平均伸长 $S-S_0$ 及其不确定度,则

$$\overline{(F-Mg)} = \overline{K} \cdot \overline{(S-S_0)} \tag{4.12}$$

(6) 记录实验前后的水温,以平均值作为水的温度。测量矩形金属丝横臂的长度 b、直径 a 的数值,并计算。γ 的值及其不确定度。

【数据处理】(表 4.3、表 4.4)

表 4.3　用逐差法求 K

质量$(m)/$ $(10^{-3}kg)$	增重位置 $L_i(10^{-2}m)$	减重位置 $L_i'(10^{-2}m)$	平均位置 $\overline{L_i}=\dfrac{L_i+L_i'}{2}(10^{-2}m)$	$\overline{L_{i+5}}-\overline{L_i}$ $(10^{-2}m)$	$V^2_{\overline{L_{i+5}}-\overline{L_i}}$

续表

质量$(m)/$ $(10^{-3}kg)$	增重位置 $L_i(10^{-2}m)$	减重位置 $L_i'(10^{-2}m)$	平均位置 $\bar{L_i}=\dfrac{L_i+L_i'}{2}(10^{-2}m)$	$\overline{L_{i+5}}-\overline{L_i}$ $(10^{-2}m)$	$V^2_{\overline{L_{i+5}}-\overline{L_i}}$

$$\overline{L_{i+5}-L_i}=\underline{\qquad};\overline{K}=\frac{5mg}{(L_{i+5}-L_i)}=\underline{\qquad};\sigma_{\overline{(L_{i+5}-L_i)}}=\sqrt{\frac{\sum V_{\overline{L_{i+5}}-\overline{L_i}}}{n(n-1)}}=$$

$\underline{\qquad}$。

其中 $V^2_{\overline{L_{i+5}-L_i}}=[\overline{\overline{L_{i+5}}-\overline{L_i}}-(\overline{L_{i+5}-L_i})]^2$。

表 4.4　求$\overline{S-S_0}$数值表 （单位：10^{-2}m）

S_0	S	$S-S_0$	$V^2_{(S-S_0)}$

$$\overline{s-s_0}=\underline{\qquad};\sigma_{\overline{s-s_0}}=\sqrt{\frac{\sum V^2_{(S-S_0)}}{n(n-1)}}=\underline{\qquad}。$$

其中 $V^2_{(S-S_0)}=[\overline{(s-s_0)}-(s-s_0)]^2;\Delta_{(s-s_0)}=\underline{\qquad}$。

$b=\underline{\qquad}$ m；$\Delta_b=\underline{\qquad}$ m；$a=\underline{\qquad}$ m；$\Delta_a=\underline{\qquad}$ m；$T=$

$\underline{\qquad}$℃。

测量结果：$\overline{\gamma}=\dfrac{\overline{K}\cdot\overline{(S-S_0)}}{2(a+b)}=\underline{\qquad}$。

$$U_r=\sqrt{\left[\frac{\Delta_{(L_{i+5}-L_i)}}{L_{i+5}-L_i}\right]^2+\left[\frac{\Delta_{(s-s_0)}}{S-S_0}\right]^2+\left[\frac{\Delta_{(b+a)}}{b+a}\right]^2}=\underline{\qquad}\%;\Delta_\gamma=\underline{\qquad}。$$

结果表示：$\gamma=\overline{\gamma}\pm\Delta_\gamma=\underline{\qquad};U_r=\underline{\qquad}\%$。

注意事项

（1）实验时矩形金属丝框不能倾斜，否则，矩形框拉出水面时液膜将过早地破裂，给实验带来误差。

（2）矩形金属丝先用酒精灯烧红，再清洗后不允许手碰。

（3）焦利秤中使用的弹簧是易损精密器件，要轻拿轻放，切忌用力拉。

方法二　电子天平拉脱法

【实验原理】

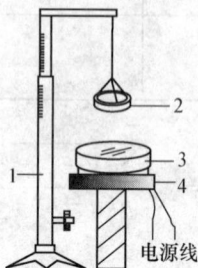

图 4.7　实验装置图
1. 焦利氏称；2. 铝环；
3. 玻璃器皿；4. 电子天平

实验装置如图 4.7 所示。用金属细杆代替焦利氏称上的弹簧,细杆下面挂好有一定高度与厚度的铝质圆环,或其他模具,如金属框、片等。电子天平(Div:0.02g)调节水平后放上装入蒸馏水的玻璃器皿。转动焦利氏称的转动旋钮,通过细杆吊着的铝环缓慢从玻璃器皿中拉出水膜。当水平的铝环刚要浸入液面以前且下沿刚好与水面接触时将电子天平的示数置零,在拉出水膜的过程中读出天平的读数 m,则可用 mg 表示表面张力的大小。如果用 d、D 表示铝环的内外直径,那么表面张力系数可用式(4.13)计算。

$$\alpha = \frac{mg}{\pi(d+D)} \tag{4.13}$$

当圆环刚要离开液面时天平就会有一个读数(读数为负值,器皿中的液体受到了向上的表面张力),随着液膜高度的增加天平读数也随之增加,但在液膜断裂前天平读数又开始减小,即在液膜拉伸的过程中天平的读数有一极大值。仔细分析铝环的受力情况:由于拉伸过程是缓慢进行的,所以铝环受力可视为平衡态,受力分析如图 4.8 所示。

对于拉脱过程的铝环,其受力满足:

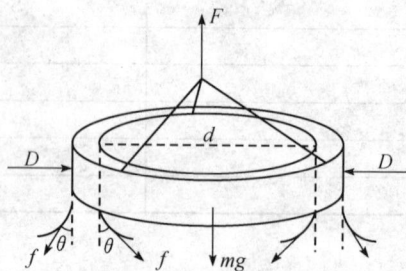

图 4.8　拉脱过程环的受力

$$F = mg + f\cos\theta = mg + \alpha \cdot \pi(d+D)\cos\theta$$

其中 F 为铝环受到向上的拉力,mg 为其重力,$f\cos\theta$ 是表面张力在竖直方向的分量。在液膜拉伸过程中随着液膜高度 h 的增加,表面张力与竖直方向的夹角 θ 在减小,当 $\theta=0$ 时,F 以及器皿中液体受到的液膜表面张力取得极大值,此时 f 沿竖直方向,可以认为液膜与铝环等厚。图中 f 为铝环所受到的表面张力,此时的铝环受力满足:

$$F = mg + \alpha \cdot \pi(d+D) \tag{4.14}$$

随着液膜高度 h 的继续增加,液膜又将变薄(小于铝环的厚度),$f\cos\theta$ 就会随之减小直至液膜达到最高而被拉断,液膜在断裂前的瞬间将变的极薄,这个厚度可能相当于分子间引力能够发生作用的范围,而且此过程中液膜处于铝环的内外径之间。

【实验内容】

(1) 游标卡尺测量铝环的内外直径。

(2) 在铝环下沿刚好与液面接触时记录焦利氏称的读数 h_0。

(3) 旋转焦利氏称旋钮使铝环缓慢上升,当电子天平示数出现实验过程中的极大值时,记录此最大值 m_{max} 和焦利氏称读数 h_1。

（4）继续缓慢使铝环上升，当液膜刚刚被拉脱时立即停止转动旋钮，记录液膜刚断时的天平读数 m_b 与焦利氏称读数 h_2。

【数据处理】（表 4.5、表 4.6）

表 4.5　铝环内外直径的数据记录

D/mm	$\overline{D}/\text{mm}$	d/mm	$\overline{d}/\text{mm}$

表 4.6　液膜不同状态时的数据记录

次　数	h_0/mm	h_1/mm	$m_{\max}/\text{g}$	h_2/mm	m_b/g	h_1-h_0/mm	h_2-h_0/mm
1							
2							
3							
4							
5							
6							
7							
8							
9							
10							

天平读数为极大值时 $\overline{m_{\max}}=$ _____ g；$\overline{h_1-h_0}=$ _____ mm。

液膜拉脱时 $\overline{m_b}=$ _____ g；$\overline{h_1-h_0}=$ _____ mm。

如果用实验过程中的极大值 $\overline{m_{\max}}$ 计算，由公式（4.14）得 $\alpha=$ _____ Nm^{-1}；

如果以液膜拉脱时的示数 $\overline{m_b}$ 作计算，由公式（4.14）得 $\alpha=$ _____ Nm^{-1}。

实验误差与测量结果的分析由读者自行进行！

实验 4.3　空气比热容比的测定

气体的定压比热容与定容比热容都是热力学过程中的重要参量，其比值 γ 称为气体的比热容比，也叫泊松比。测定比热容比在绝热过程的研究中有许多应用，如气体的突然膨胀或压缩，以及声音在气体中传播等都与比热容比有关。

【实验目的】

（1）用绝热膨胀方法测定空气的比热容比。

（2）观察热力学过程中状态变化及基本物理规律。

（3）学习气体压力传感器和电流型集成温度传感器的原理及使用方法。

【实验原理】

1. 关于比热容

所谓比热容就是在一定条件下每升高(或降低)单位温度时吸收(或放出)的热量。确切地讲,比热容 C 是随温度变化的,定义时应取 $\Delta T \rightarrow 0$ 的极限:$C = \lim\limits_{\Delta T \rightarrow 0} \dfrac{\Delta Q}{\Delta T}$。

根据热力学第一定律:$\Delta Q = \Delta U + p \Delta V$,当体积恒定时 $\Delta V = 0$,$\Delta Q = (\Delta U)_V$,故定体比热容为:

$$C_V = \lim_{\Delta T \rightarrow 0} \frac{(\Delta U)_V}{\Delta T} = \left(\frac{\partial U}{\partial T} \right)_V \tag{4.15}$$

在压强恒定的条件下 $\Delta p = 0$,$p \Delta V = \Delta(pV)$,由热力学第一定律

$$\Delta Q = (\Delta U + p \Delta V)_p = [\Delta(U + pV)]_p \equiv (\Delta H)_p \tag{4.16}$$

定义 $H = U + pV$,是一个新的态函数,称为焓,于是定压比热容为

$$C_p = \lim_{\Delta T \rightarrow 0} \frac{(\Delta H)_p}{\Delta T} = \left(\frac{\partial H}{\partial T} \right)_p \tag{4.17}$$

对于理想气体,忽略了分子间相互作用的势能,其内能 U 和定容比热容 C_V 都只是温度 T 的函数所以理想气体的内能为:$U(T) = \int_{T_0}^{T} C_V dT + U_0$,而对于理想气体的 $pV = \nu RT$,也是 T 的函数,故理想气体的焓也只是 T 的函数。

$$H(T) = U(T) + pV = U(T) + \nu RT = \int_{T_0}^{T} C_V dT + \nu RT + U_0 \tag{4.18}$$

所以式(4.18)和式(4.19)中的偏微商都可以写作全微商,故理想气体的定压比热容为

$$C_p = \frac{dH}{dT} = \frac{dU}{dT} + \nu R = C_V + \nu R,$$

或者

$$C_p - C_V = \nu R \tag{4.19}$$

2. 绝热过程

如果物质在状态变化的过程中没有与外界交换热量,成为绝热过程。通常把一些进行的较快(仍可以是准静态的)而来不及与外界交换热量的过程,近似看作绝热过程。在绝热过程中 $Q = 0$,根据热力学第一定律

$$A = U_2 - U_1 = \int_{T_0}^{T} C_V dT \tag{4.20}$$

我们看到在绝热过程,如果是理想气体其 p、V、T 三个状态参量都在变化。考虑无限小的元过程,对理想气体的状态方程 $pV = \nu RT$ 微分,得 $pdV + Vdp = \nu RdT$,

将式(4.19)用于此元过程,有 $dA = -pdV = C_V dT$,从以上两式中消去 dT,得

$$\frac{C_V + \nu R}{C_V} P dV = -V dp \tag{4.21}$$

根据式(4.19),式(4.21)中的 $\dfrac{C_V+\nu R}{C_V}=\dfrac{C_p}{C_V}$,两个比热容之比经常在绝热过程中出现,我们把它定义为:$\gamma=\dfrac{C_p}{C_V}$,于是式(4.21)可以化为 $\dfrac{\mathrm{d}p}{p}+\gamma\dfrac{\mathrm{d}V}{V}=0$,在一定温区内 γ 可以看作常数,在这种情况下将上式积分,得 $\ln p+\gamma\ln V=$常量,或

$$PV^\gamma = 常量 \tag{4.22}$$

式(4.22)称为**泊松公式**,也就是绝热过程的状态方程,γ 成为**绝热系数**,也就是**比热容比**。

从微观的角度考虑理想气体的摩尔比热容,它只依赖于被激发起来的自由度,即

$$C_V^{\mathrm{mol}} = \frac{1}{2}(t+r+2s)R, \quad C_p^{\mathrm{mol}} = \left[\frac{1}{2}(t+r+2s)+1\right]R$$

空气的主要成分氮气和氧气都是双原子分子,而且常温下振动自由度冻结,所以 $C_V=\dfrac{5\nu}{2}R$,$C_p=\dfrac{7\nu}{2}R$,即常温下双原子分子气体 $\gamma=1.4$,单原子分子气体 $\gamma=\dfrac{5}{3}$。

3. 实验设计

我们让一定质量的气体经历以下几个过程的状态变化,从状态 I(p_1,V_1,T_0)绝热膨胀到状态 II(p_0,V_2,T_1),因为是绝热膨胀,所以此时温度降低了,然后让气体等容升温到状态 III(p_2,V_2,T_0),也就是状态 I(p_1,V_1,T_0)与状态 III(p_2,V_2,T_0)等温,其中 T_0 指的是室温,变化过程如图4.9所示

I→II是绝热过程,由绝热过程的状态方程可得

$$p_1V_1^\gamma = p_0V_2^\gamma \tag{4.23}$$

状态 I 和状态 III 的温度相同,由等温过程的状态方程可得

$$p_1V_1 = p_2V_2 \tag{4.24}$$

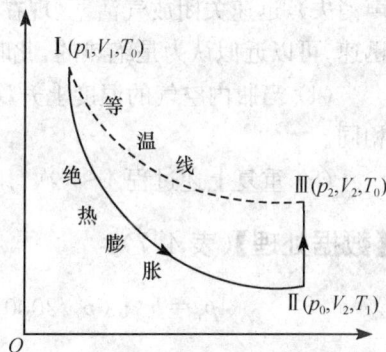

图4.9 气体的状态变化曲线

合并式(4.23)和式(4.24),并消去 V_1、V_2 得

$$\gamma = \frac{\ln p_1-\ln p_0}{\ln p_1-\ln p_2}=\frac{\ln p_1/p_0}{\ln p_1/p_2} \tag{4.25}$$

由式(4.25)可以看出,只要测得了 p_0、p_1、p_2 就可以求得空气的绝热系数,即比热容比 γ。

【实验仪器】

贮气瓶(包括进气活塞、橡皮赛)、传感器(扩散硅压力传感器、电流型集成温度传感器)、数字电压表、Forton 式气压计。

实验装置图4.10中的3为温度传感器 AD590,它是新型半导体温度传感器温度测量灵敏度高,线性好,测量范围为 $-50\sim150$℃。AD590 接 6V 直流电源后组成一个稳流源,它的灵敏度为 1uA/℃,若串接 5kW 电阻后,可产生 5mV/℃的信号电压,接 $0\sim2$V 量

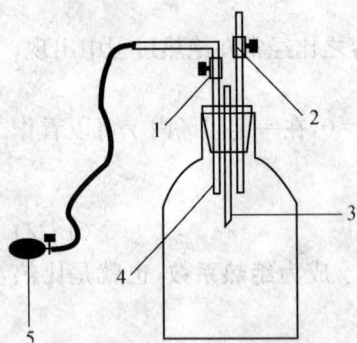

图 4.10　实验装置如图

1. 进气活塞；2. 放气活塞；3. 温度传感器 AD590；4. 气体压力传感器；5. 打气气球

程的数字电压表,可检测到最小 0.02℃的温度变化。4 为气体压力传感器,由同轴电缆线输出信号,与仪器内的放大器和数字式电压表相接。当待测气体压强为 $p_0 + 10.00\text{kPa}$ 时,数字电压表显示为 200mV;仪器测量气体压强灵敏度为 20mV/kPa,测量精度为 5Pa。

【实验内容】

(1) 接好仪器的电路,AD590 的正负极请勿接错。用 Forton 式气压计测定大气压强 p_0,开启电源,将电子仪器部分预热 20min,然后用调零电位器把压强测量表示值调到 0mV。

(2) 把放气活塞关闭,进气活塞打开,用打气球把空气稳定地徐徐进入贮气瓶内,关闭进气活塞时瓶内的温度和压强会增加,等温度与压强稳定后,用压力传感器和 AD590 温度传感器测量空气的压强和温度,记录瓶内压强均匀稳定时的压强 p_1',和温度 T_1'(此时瓶内的全部气体并不是我们的研究对象)。

(3) 突然打开放气活塞,当贮气瓶的空气压强降低至环境大气压强 p_0 时(这时放气声消失),迅速关闭放气活塞(现在瓶内的剩余气体是我们要研究的),由于此过程进行地迅速,可以近似认为是绝热的,此时瓶内温度会有所下降。

(4) 当瓶内空气的温度上升稳定至 T_2' 时记下瓶内气体的压强 p_2',要求 T_2' 和 T_1' 尽量相同。

(5) 重复上述过程 4～5 次,用公式(4.25)进行计算,求得空气比热容比值。

【数据处理】(表 4.7)

$$p_1 = p_0 + (p_1'/2000) \times 10^5 \text{Pa}; \quad p_2 = p_0 + (p_2'/2000) \times 10^5 \text{Pa}$$

表 4.7　p 与 T 的值

$p_0/10^5$Pa	p_1'/mV	T_1'/mV	p_2'/mV	T_2'/mV	$p_1/10^5$Pa	$p_2/10^5$Pa	γ

理论值 $\gamma = 1.402$;$\bar{\gamma} = $ _____;百分差 $\dfrac{|\bar{\gamma} - \gamma|}{\gamma} \times 100 = $ _____。

注意事项

(1) 实验在打开放气活塞放气时,当听到放气声结束应迅速关闭活塞,提早或推迟关闭活塞,都将影响实验要求,引入误差。由于数字电压表尚有滞后显示。如用计算机实时测量,发现此放气时间约零点几秒,与放气声产生消失很一致,所以关闭放气活塞用听声更可靠些。

（2）实验要求环境温度基本不变,如发生环境温度不断下降情况。可远离实验仪适当加温,以保证实验正常进行。

（3）压力传感器头与测量仪器（主机）配套使用,上有号码相对应,各台仪器之间不可互相换用。

实验 4.4　伏安法测二极管的伏-安特性

伏安法是测绘电阻元件伏安特性曲线的最简单的实验方法。为了使测量更为精确,还可以利用电位差计、示波器或电桥等检测仪器测量电阻的伏安特性曲线。

非线性电阻的伏安特性所反映的规律,总是与特定的一些物理过程相联系的,对于非线性电阻特性和规律的深入分析,有利于对有关物理过程的理解和认识。

【实验目的】

（1）掌握分压器和限流器的使用方法。

（2）熟悉测量伏安特性的方法。

（3）了解二极管的正向伏安特性。

【实验仪器】

直流稳压电源、直流电流表、直流电压表、滑线变阻器、可变电阻箱、检流计、开关、待测二极管。

【实验原理】

在电学元件两端加上直流电压,元件内有电流流过,电流随电压的变化关系称为元件的伏-安特性。本实验室测量非线性电阻（二极管）的正向伏-安特性曲线。

二极管的伏安特性可用如图 4.11 所示的特性曲线来描绘。

用伏安法测量二极管的特性可采用图 4.12 所示的线路,当检流计 G 指零时,电压表

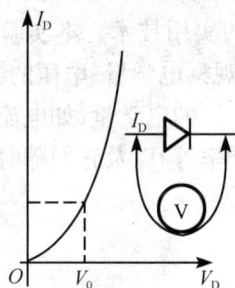

图 4.11　二极管正向伏安特性曲线　　　　　图 4.12　二极管正向特性测试线路

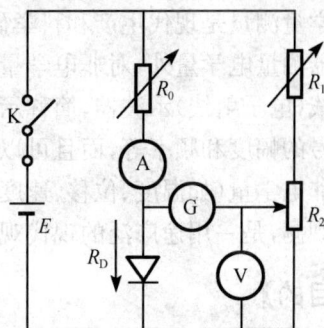

指示为二极管两端的正向电压值,电流表 A 指示着流过二极管的正向电流。R_0 为限流器(即电阻箱),改变电阻箱的阻值可改变正向电流值。R_1 为限流器,R_2 为分压器。改变 R_1 和 R_2 可输出不同的电压值,并由电压表指示,目的是与二极管两端的电压进行比较。如果 G 指示为零,电压表指示值就是二极管端压 U_D。通常 R_1 值越大,可测量的 U_D 越小,R_1 值很小甚至为零,可测量较大的 U_D 值。此外 R_1 的微小调节可使电压表 V 指示值(即输出电压值)有微小的变化,常称为电压微调电阻。

如果将稳压电源 E 的极性反向连接,按上述相同方法测量,也可得到 U_D 与 I_D 的许多组数据,但这些数据表征着二极管的反向特性。

【实验步骤】

(1) 根据图 4.12 连接线路,并预置 R_0 为最大值,R_1 为最大值,R_2 的输出为零,注意电表的极性!

(2) 接通电源,注意观察有无异常情况发生,否则马上切断电源,根据现象检查故障。

(3) 选择各种 U_D 值(0.1~0.6V),对于每种 U_D 值,调节 R_0,使检流计指示为零,记下电流表的电流值。

(4) 数据记录(表 4.8):

表 4.8　数据记录

U_D/V							
I_D/mA							

(5) 根据上表数据,绘出二极管正向伏-安特性曲线。

【思考题】

(1) 二极管伏安特性的测试线路中,电压表能否直接连在二极管的两个端点?检流计的作用是什么?

(2) 接通电源前各预置值选择的原则是什么?

实验 4.5　电子示波器的原理与使用

电学量测量是现代生产和科学研究中应用很广泛的一种实验方法和技术。除用一些常用仪器测量电学量外,对非电学量的测量也是很重要的实用技术。本实验学习使用的阴极射线(电子射线)示波器,简称示波器,不但可以直接观察电学量-电压的波形,并测定电压信号的幅度和频率等,而且可以对一切可以转化为电压的电学量(如电流、电功率、阻抗等)、非电学量(如温度、位移、速度、压力、光强、磁场、频率等)以及它们随时间的变化过程进行观测,是一用途广泛的现代观测工具。

【实验目的】

(1) 了解通用示波器的结构和工作原理。

（2）初步掌握通用示波器各个旋钮的作用和使用方法。

（3）学习利用示波器观察电信号的波形，测量电压、频率和相位。

【实验仪器】

通用示波器、音频信号发生器、数字频率计、晶体管毫伏计。

【实验原理】

1. 示波器的构造和工作原理

最简单的示波器应包括以下五个部分（图 4.13）：示波管、扫描发生器、同步电路、水平轴和垂直轴放大器、电源供给。下面分别加以简单说明。

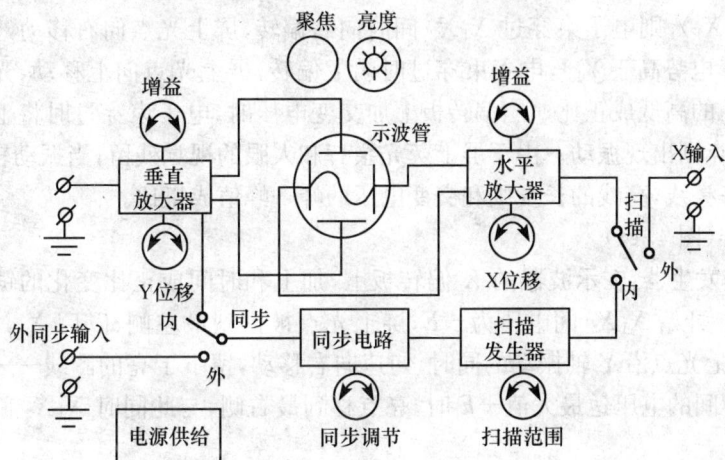

图 4.13　示波器方框图

（1）示波管：是示波器进行图形显示的核心部分，在一个抽成高真空的玻璃泡中，装有各种电极（图 4.14），按其功能可分为三部分。

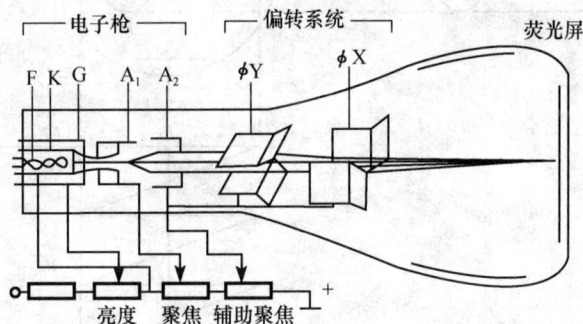

F.灯丝；K.阴极；G.控制栅极；A_1.第一阳极；

A_2.第二阳极；Y.竖直偏转板；X.水平偏转板

图 4.14　示波管结构图

① 电子枪:用以产生定向运动的高速电子,电子枪包括三个电极:

热阴极——这是一个罩在灯丝外面的小金属圆筒,其前端涂有氧化物,当灯丝中通入电流时,阴极受热而发射电子并形成电子流。

控制栅极——这是前端开有小孔的金属圆筒,套在阴极外侧,电子可以从小孔中通过。在工作时栅极电势低于阴极,即调节栅极电势的高低可以控制到达荧光屏的电子流强度,使屏上光点的亮度(辉度)发生变化,此即"辉度调节"。

阳极——这也是由开有小孔的圆筒组成,阳极电压(对阴极)约 1000V,可使电子流获得很高的速度,而且阳极区的不均匀电场还能将由栅极过来的散开的电子流聚焦成一窄细的电子束,改变阳极电压可以调节电子束的聚焦程度,即荧光屏上光点的大小,称为"聚焦调节"。

② 偏转极:图 4.14 中的 X_1X_2、Y_1Y_2 为两对互相垂直的极板,X_1X_2 为水平偏转板、Y_1Y_2 为垂直偏转板。偏转板不加电压时,光点在荧光屏中央,如果 X_1X_2 加直流电压(设 X_2 电势高于 X_1),则电子束穿过 X_1X_2 间时向右偏转,屏上光点向右移动,当 Y_1Y_2 加直流电压(设 Y_2 电势高于 Y_1),电了束穿过时向上偏转,屏上光点向上移动,光点移动的距离和所加电压的高低成正比。当偏转板上加交变电压时,电子束穿过时将上下(或左右)摆动,屏上光点则出现振动。由于屏上荧光余辉和人眼的视觉残留,当振动较快时我们看到屏上出现一亮线,亮线的长度则和交变电压的峰—峰值成正比。

③荧光屏(图 4.14)。

(2) 扫描发生器:在示波器的 X 偏转板上,加上和时间成正比变化的锯齿形电压信号(图 4.15)。开始 X_1X_2 间电压为 $-E$,屏上光点被推到最左侧、以后 X_1,X_2 间的电压匀速增加,屏上光点沿 Y 轴振动的同时,匀速向右移动,留下了亮的图线——一亮点的径迹。当 X_1X_2 间的电压达最大值 $+E$ 时,亮点移到最右侧,与此同时 X_1X_2 间电压迅速降

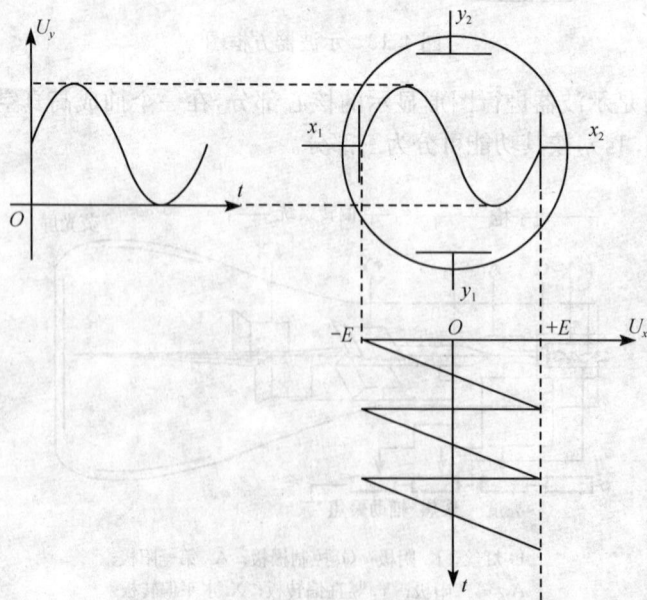

图 4.15　波形的扫描和形成

到 $-E$,又将亮点移到最左侧,再重复上述过程。

将加到 Y 偏转板上的电压信号,在屏上展开成为函数曲线图形的过程称为扫描,所加的锯齿形电压称为扫描电压,示波器由扫描发生器提供扫描电压。

(3) 同步电路:为了观察到稳定的波形,要求每次扫描起点的相位应等于前次扫描终点的相位,或简单讲,要求扫描电压周期 T_X 为被测电压周期 T_Y 的 n 倍($n=1$、2、3、$\cdots$),同步电路就是为了实现以上目的而设计的。

(4) 水平轴与垂直轴放大器:为了观察电压幅度不同的电信号波形,示波器内设有衰减器和放大器,对观察的小信号放大,大信号衰减。

2. 示波器的应用

(1) 观察波形。

(2) 电压测量:用示波器不仅能较准确地测量直流电压,还能测量交流电压和非正弦波的电压。它采用比较测量的方法,即用已知电压幅度波形将示波器的垂直方向分度,然后将信号电压输入,进行比较,如图 4.16 所示。图中的方波幅度假定为 10V,占据了四个分度,因此每分度表示 2.5V 即 2.5V·div-1。如果待测的正弦波其峰—峰值(U_p-p)为 2.0div,则峰—峰电压 $U_p-p=5.0V$,所以其有效值按公式 $\left(U=\dfrac{0.71\times U_{pp}}{2}\right)$ 就可计算出来。如果将待测信号衰减至 1/10,显然 U_p-p 值只有 0.5V,测量精度降低了,如果放大至 10 倍就不可能量到它的峰—峰值。如果待侧信号较大,衰减至 1/10 后,显示的波形还占了三个分度,则待测信号的峰—峰值

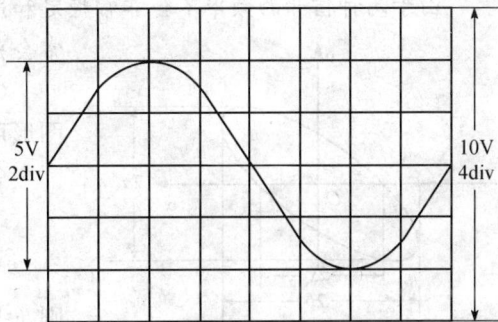

图 4.16 幅度比较

$$U_{p-p} = 2.5\text{V/div} \times 10 \times 30\text{div} = 75\text{V} \tag{4.26}$$

(3) 测量频率或周期:用示波器测量频率或周期必须知道 X 轴的扫描速率,即 X 方向每分度相当于多少秒或者微秒。假定图 4.16 所示的 X 扫描速率为 10ms·div^{-1},则方波的周期 2.0div 相当于 20ms,而正弦波的周期为

$$4.0\text{div} \times 10\text{ms} \cdot \text{div}^{-1} = 40\text{ms}$$

因此频率 $f=1/40\text{ms}=25\text{Hz}$ 就可计算出来。注意:当显示波形的个数较多时,周期可很据测量几个周期的时间除以 n 来计算,保证周期有较高的精度。

因为稳定的标准频率容易得到,示波器判别合成的波形(利萨如图形)非常直观、灵敏和准确,所以测频率时都要用到它,在复杂信号的频谱分析中也要用到它。测量线路如图 4.17,图中待测频率 f_Y 接在 Y 输入端,已知频率 f_X 的信号作为标准正弦信号接在 X 输入端,"X 轴衰减"可拨在"1"或"10"或"100"位置,如果出现如图 4.18 所示的波形。则 $f_Y=nf_X$,从利萨如图形在 X 轴和 Y 轴上的切点数,可知比值 f_Y/f_X,一般的计算公式为

$$\frac{f_Y}{f_X} = \frac{\text{与 } X \text{ 轴切点数}}{\text{与 } Y \text{ 轴切点数}}$$

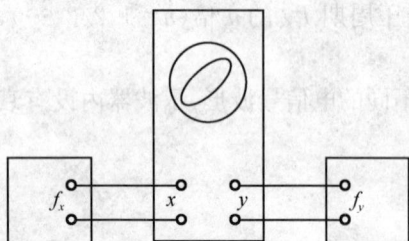

图 4.17　利萨如图形的观察

图 4.18　几种相位和频比的利萨如图形

注意事项

由于两种信号的频率不会非常稳定和严格相等,因此得到的利萨如图形不很稳定,经常会出现上下左右来回地或定向地滚动现象。

图 4.19　相位差的计算

(4) 测量两个正弦信号的相位差。根据利萨如图形可以计算出相位差,见图 4.19 所示的图形。

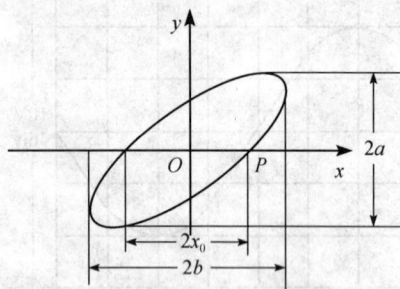

令

$$y = a\sin\omega t \tag{4.27}$$

$$x = b\sin(\omega t + \varphi) \tag{4.28}$$

则 y 与 x 的相位差为 φ。假定波形在 X 轴线上的截距为 $2X_0$,则对 X 轴上的 P 点 $y = a\sin\omega t = 0$,因而 $\omega t = 0$,所以 $x_0 = b\sin(\omega t + \varphi) = b\sin\varphi$。

则

$$\varphi = \arcsin\frac{x_0}{b} \text{ 和 } \pi - \arcsin\frac{x_0}{b} \tag{4.29}$$

(5) 具有固定相位差的两个正弦波的产生和测量。

图 4.20 电路中 U_R 和 U 的相位差理论值为

$$\varphi = \text{arctg}\frac{L\omega - \dfrac{1}{C\omega}}{R} \tag{4.30}$$

图 4.21 相位差测量示意图中相位差的计算方法为

$$\varphi = \frac{2\pi n(\Delta t)}{n(T)} \tag{4.31}$$

【实验内容】

(1) 观察波形。调节音频信号发生器的输出幅度,用(晶体管)毫伏表测量它的幅度有效值,使它等于 1.00V,然后用示波器观察它的波形。

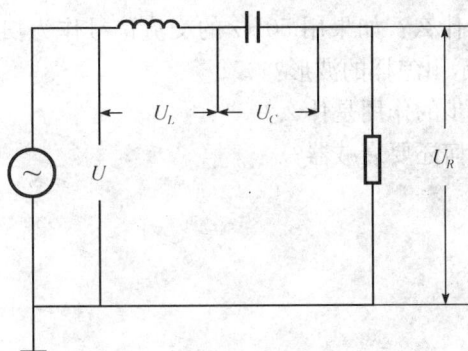

图 4.20　LRC 电路电阻两端电压 U_R 和
　　　　信号源电压 U 具有相位差

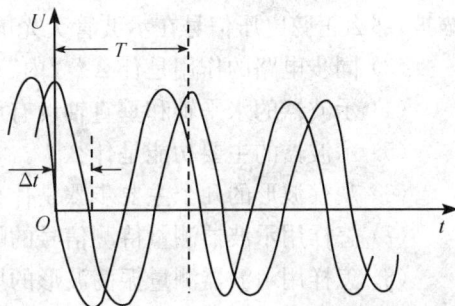

图 4.21　相位差测量示意图

（2）用"比较信号"对 Y 轴分度，记下示波器使用的灵敏度 $S(V \cdot div-1)$，然后测量上述波形的蜂—峰值，将其换算到有效值，与 1.00V 比较是否符合。

（3）用"扫描速率"测量上述波形的周期，然后换算到频率，试与频率计的读数进行比较。

（4）用利萨如图形测量上述波形的频率。

（5）用利萨如图形测量移相器的相位差。

移相器的构造如图 4.22 所示，调节可变电阻 R_2 可改变 U_{OA} 与 U_{OD} 的相位差 φ 值，但是不改变 U_{OA} 与 U_{OD} 的幅度大小，当 $R_2=0$ 时，U_{OA} 与 U_{OD} 相差 180°，当 R_2 足够大，$U_{OA}=U_{OD}$，即 D 点顺时针转到 A 点，U_{OA} 与 U_{OD} 相位相同，因此 φ 值可取自 0 到近 180°范围。

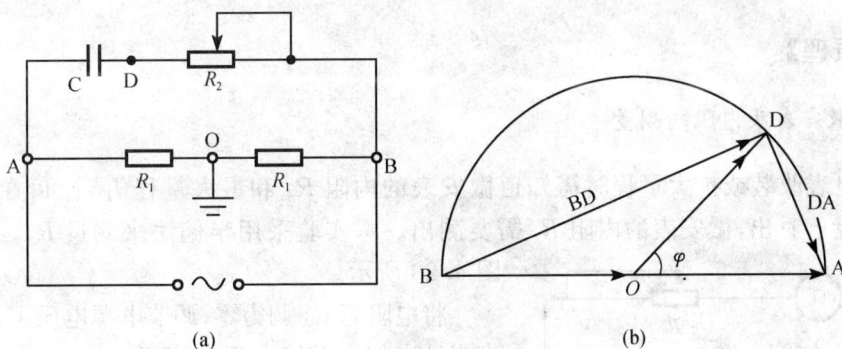

图 4.22　移相器的线路和矢量图

将示波器接地端钮与移相器 O 点相连；Y 和 X 输入端分别与 A 和 D 点相连，适当调节 Y 和 X 的增益和衰减旋钮，就可看到稳定的利萨如图形。根据式（4.29）计算三种不同的相位差。

（6）用示波器同时观察图 4.22(a)电路的 U_R 和 U，并利用图 4.21 和公式（4.31）计算相位差并与公式（4.30）理论计算值比较。

【思考题】

（1）最简单的示波器包括哪几个部分？

（2）扫描发生器的输出波形是什么形状？为什么？如果用 50Hz 的交流信号作为扫描披,那么正弦电压信号在示波管荧光屏上将显示出怎样的波形？

（3）同步电路的作用是什么？"内"和"外"同步的作用是什么？

（4）示波器的水平轴和垂直轴设有放大器为何还要衰减器？

（5）示波器的主要功能是什么？

（6）观察波形的几个主要步骤是什么？

（7）怎样用示波器测量待测信号的峰—峰值？

（8）怎样用示波器测量振荡波形的周期？

实验 4.6　电表改装与校准

电表在电测量中得到广泛的应用,因此了解电表和使用电表显得十分重要。指针式电流计是用来测量微小电流的,它是非数字式测量仪器的一个基本组成部分。我们用它来改装毫安表、伏安表和欧姆计。通过开放式设计性实验,提高学生的理论和实践能力,从而对电工和电子工作者常用的万用表有更深入的了解。

【实验目的】

（1）掌握将微安表改装成毫安表、电压表和欧姆表的原理和方法。

（2）学会测量微安表的内阻。

（3）掌握校准毫安表,电压表和欧姆表的方法。

【实验原理】

1. 微安表头内阻的测量

在电表改装或扩大量程时需知道微安表的内阻 R_g 和最大量程 I_g,I_g 可在微安表头的表盘上看出,微安表的内阻 R_g 需要测出。本实验采用半偏法来测量 R_g。电路如图 4.23 所示。

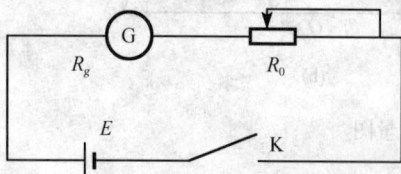

将电阻箱 R_0 调为零,调节电源电压 E,使微安表指针满偏。保持电源电压不变,调节电阻箱 R_0 使微安表指针半偏,则

$$I_g \cdot R_g = I_g \cdot (R_g + R_0)/2$$

所以 $R_g = R_0$。

图 4.23　微安表内阻测量电路

2. 微安表改装成毫安表

微安表只能测量微小的电流,如果想用微安表测量超过其量程的电流时,就必须扩大其量程,扩大量程的方法是在微安表的两端并联一个分流电阻 Rs,如图 4.24 所示。使超过量程部分的电流从分流电阻上通过。图中微安表和 Rs 组成改装后的电流表,改装表电流的量程取决于 Rs 的阻值。设改装表电流量程为 I,根据欧姆定律得

$$(I - I_g)R_s = I_g R_g$$

$$R_s = \frac{Ig}{I - Ig}Rg \qquad (4.32)$$

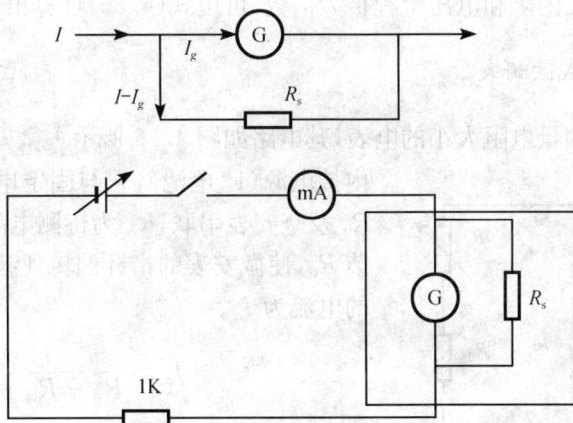

图 4.24　分流法扩大微安表量程

若令 $n = \dfrac{I}{Ig}$，表示改装后量程扩大倍数，则分流电阻为

$$R_s = \frac{1}{n-1}Rg \qquad (4.33)$$

可见，要使微安表电流量程扩大 n 倍，只要在该表两端并联一个阻值 $\dfrac{Rg}{n-1}$ 的分流电阻 R_s 即可。

3. 微安表改装成伏特表

内阻为 R_g 的微安表头，当通过电流 I_g 时，表头两端电压降为 $U_g = I_g R_g$。可见，微安表也可以测量电压。但因微安表的满度电压很小，若用它来测量较大的电压，必须在微安表上串联分压电阻 R_p，如图 4.25 所示，使超过该表量程的那部分电压降在 R_p 上。选用不同的阻值的 R_p，就装成不同量程的电压表。设改装成的电压表量程为 U，由图 4.25 可见

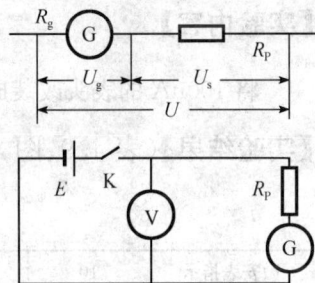

$$U = I_g(R_g + R_p)$$

$$R_p = \frac{U}{I_g} - R_g \qquad (4.34)$$

这就是计算分压电阻的常用公式。将式(4.34)稍微改变为

$$R_p = \frac{UR_g}{I_g R_g} - R_g = \left(\frac{U}{U_g} - 1\right)R_g$$

图 4.25　分压法改微
安表为伏特表

令 $n=\dfrac{U}{U_g}$,表示改装后电压量程扩大倍数。则有

$$R_p = (n-1)R_g \tag{4.35}$$

如果知道微安表内阻和电压量程扩大倍数,可由式(4.35)计算出 R_p。

4. 微安表改装成欧姆表

欧姆表是用来测量电阻大小的电表,其电路如图 4.26 所示。微安表的内阻 R_g,E 为内接电源(1# 电池),它与固定电阻 R_H 和可调电阻 R_0 及毫安表串联,R_x 为待测电阻。当 $R_x=0$ 时,调节 R_0,使微安表的指针偏转到满刻度。这时电路中的电流为 I_g。

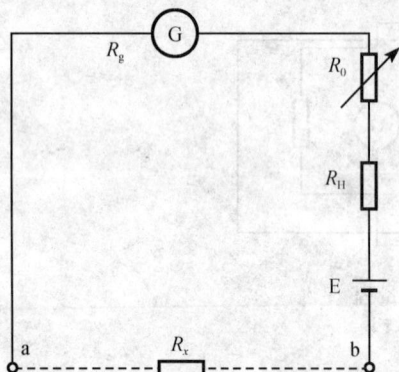

$$I_g = \frac{U}{R_g + R_H + R_0} \tag{4.36}$$

即欧姆表的零点在电表的满刻度处,正好与电流表及电压表相反。当接入待测电阻 R_x,电路中的电流为

$$I_g = \frac{U}{R_g + R_H + R_0 + R_X} \tag{4.37}$$

图 4.26　将微安表改装成欧姆表

电池端电压 U 保持不变,待测电阻 R_x 和电流 I 有一一对应的关系,就是说,接入不同的 R_x,表头的指针就指出不同的偏转读数。如果表头的表度尺预先按已知电阻刻线。就可以直接用为测量电阻。因为待测电阻 R_x 越大,电流 I 就越小,当 $R_x=\infty$ 时(相当于 a,b 开路),$I=0$,即表头的指针在零位。所以,欧姆表的表度尺为反向刻度,且刻度是不均匀的,电阻 R_x 越大,刻度间隔越小。当 $R_X=R_g+R_H+R_0$ 时,$I=I_g/2$,此时 R_x 称为中值电阻。电表指针在中间刻度,即为欧姆表的内阻值。

欧姆表在使用过程中电池的端电压会变化,故 R_0+R_H 也要跟着改变,以满足调零的要求。为防止 R_0 只用一只电位器调得过小而烧坏电表,用固定电阻 R_H 来限制电流。

【实验内容】

将 100uA 的表头改装成欧姆表。

【实验结果】(表 4.9、图 4.27、图 4.28)

表 4.9　参考数据

微安表指示	10	15	20	25	30	35	40
电阻	99000	62000	43000	32000	25000	20000	16200
微安表指示	45	50	60	70	80	90	100
电阻	13200	11000	7200	4700	2700	1200	0

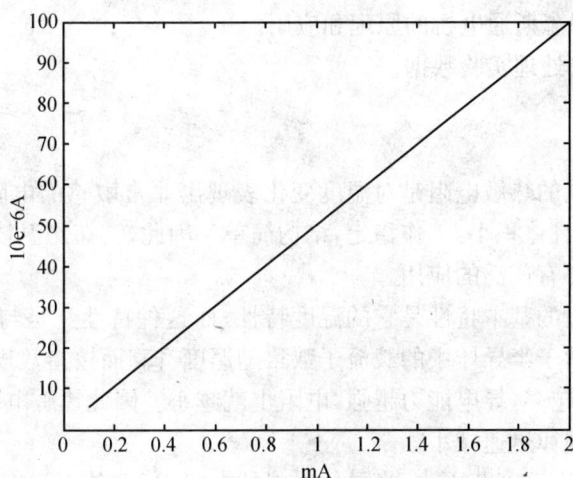

图 4.27 微安表数据

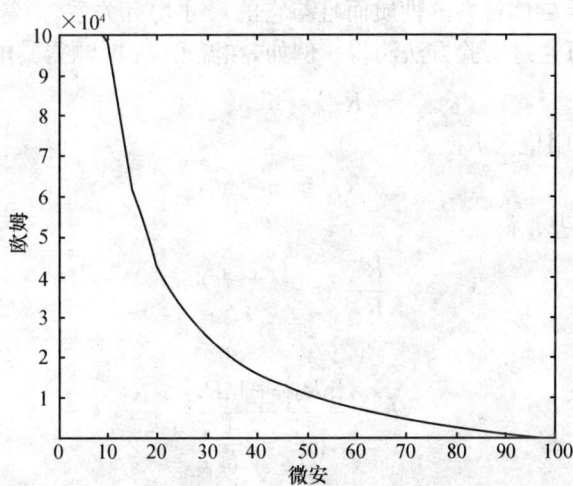

图 4.28 微安表改装欧姆表校准曲线

(1) 微安表头内阻的测量：

测量值 $\qquad R_{\mathrm{g}}=1050\Omega$

(2) 微安表改装成毫安表。

(3) 微安表改装成伏特表。

(4) 微安表改装成欧姆表。

中值电阻(半偏)11000Ω,$R_x=0$,满偏。

实验 4.7 半导体热敏电阻特性的研究

【实验目的】

(1) 研究热敏电阻的温度特性。

（2）进一步掌握惠斯通电桥的原理和应用。

（3）了解回归法处理实验数据。

【实验原理】

半导体材料做成的热敏电阻是对温度变化表现出非常敏感的电阻元件,它能测量出温度的微小变化,并且体积小,工作稳定,结构简单。因此,它在测温技术、无线电技术、自动化和遥控等方面都有广泛的应用。

半导体热敏电阻的基本特性是它的温度特性,而这种特性又是与半导体材料的导电机制密切相关的。由于半导体中的载流子数目随温度升高而按指数规律迅速增加。温度越高,载流子的数目越多,导电能力越强,电阻也就越小。因此热敏电阻随着温度的升高,它的电阻将按指数规律迅速减小。

实验表明,在一定温度范围内,半导体材料的电阻 R_T 和绝对温度 T 的关系可表示为

$$R_T = a e^{b/T} \tag{4.38}$$

其中常数 a 不仅与半导体材料的性质而且与它的尺寸均有关系,而常数 b 仅与材料的性质有关。常数 a、b 可通过实验方法测得。例如,在温度 T_1 时测得其电阻为 R_{T_1}

$$R_{T_1} = a e^{b/T_1} \tag{4.39}$$

在温度 T_2 时测得其阻值为 R_{T_2}

$$R_{T_2} = a e^{b/T_2} \tag{4.40}$$

将以上两式相除,消去 a 得

$$\frac{R_{T_1}}{R_{T_2}} = e^{b\left(\frac{1}{T_1} - \frac{1}{T_2}\right)}$$

再取对数,有

$$b = \frac{\ln R_{T_1} - \ln R_{T_2}}{\left(\dfrac{1}{T_1} - \dfrac{1}{T_2}\right)} \tag{4.41}$$

把由此得出的 b 代入式(4.39)或式(4.40)中,又可算出常数 a,由这种方法确定的常数 a 和 b 误差较大,为减少误差,常利用多个 T 和 R_T 的组合测量值,通过做图的方法(或用回归法最好)来确定常数 a、b,为此取式(4.39)两边的对数。变换成直线方程:

$$\ln R_T = \ln a + \frac{b}{T} \tag{4.42}$$

或写作 $$Y = A + BX$$

式中 $Y=\ln R_T$,$A=\ln a$,$B=b$,$X=1/T$,然后取 X、Y 分别为横、纵坐标,对不同的温度 T 测得对应的 R_T 值,经过变换后做 X-Y 曲线,它应当是一条截距为 A、斜率为 B 的直线。根据斜率求出 b,又由截距可求出 $a=e^A$。

确定了半导体材料的常数 a 和 b 后,便可计算出这种材料的激活能 $E=bK$(K 为玻耳兹曼常数)以及它的电阻温度系数

$$\alpha = \frac{1}{R_T} \frac{\mathrm{d}R_T}{\mathrm{d}T} = -\frac{b}{T^2} \times 100\% \tag{4.43}$$

显然,半导体热敏电阻的温度系数是负的,并与温度有关。

热敏电阻在不同温度时的电阻值,可用惠斯通电桥测得。如图 4.29,图中标准电阻 R_1,R_2,R 及待测电阻 R_T 构成了电桥的四臂,当接通 K_1,K_2 时,检流计中有电流过。

在温度 T 时,调节电阻 R,检流计中无电流流过,这时电桥达到平衡,电桥平衡时有 $\dfrac{R_1}{R}=\dfrac{R_2}{R_T}$。因此,$R_T=\dfrac{R_2}{R_1}R$,当 $R_1=R_2$ 时,$R_T=R$。改变温度的数值,分别测出对应的电阻,即可得到热敏电阻的温度特性,如图 4.30 和图 4.31 所示。

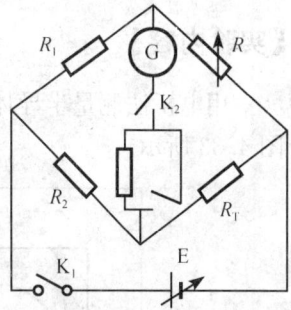

图 4.29 惠斯通电桥
测热敏电阻

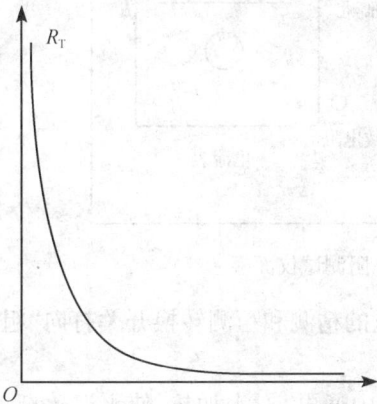

图 4.30 热敏电阻的温度特性

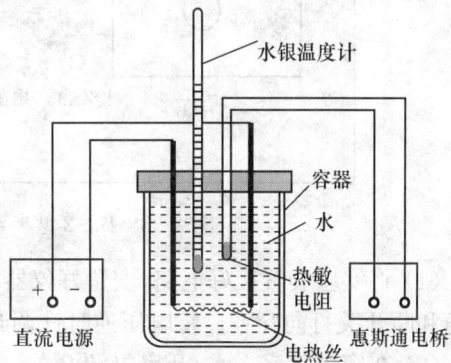

图 4.31 实验原理图

【实验仪器】

BR-2 型半导体热敏电阻测试仪(图 4.32)、ZX36 电阻箱、温度计、电热杯、热敏电阻。

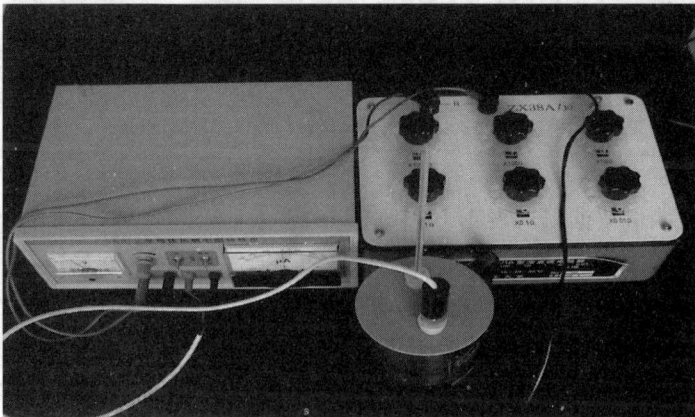

图 4.32 实验仪器

【实验内容】

用电桥法测量半导体热敏电阻的温度特性。BR-2 型半导体热敏电阻测试仪面板如图 4.33 所示。

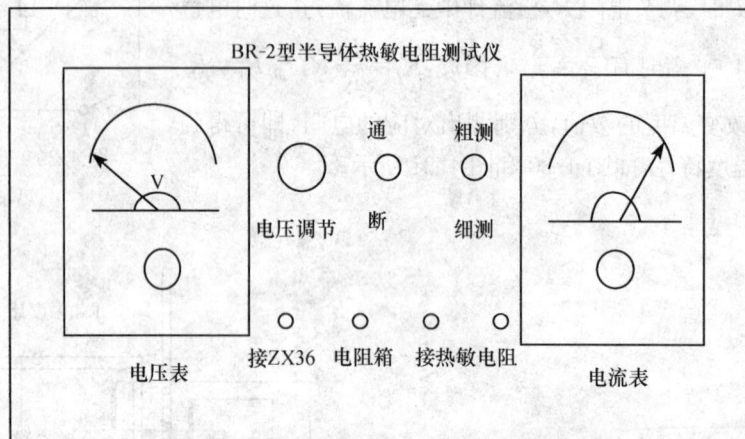

图 4.33　BR-2 型半导体热敏电阻测试仪面板

(1) 将实验装置接好电路,安置好仪器。将测量的精测和粗测转换开关打向"粗测",将通和断开关打向"断"。将电压逆时针调到最小。

(2) 在容器内盛入水,开启电源开关,在电热丝中通电,对水加热,使水温逐渐上升,温度由水银温度计读出。电阻箱的阻值先放在 2K 位置。电压调到 5~6V 之间。将通和断开关打向"通",调节电阻箱使检流计基本指向零。再将测量的精测和粗测转换开关打向"精测",调节电阻箱使检流计不偏转。记下此时温度和电阻箱的阻值。

(3) 测试的温度从 20℃开始,每增加 5℃,做一次测量,直到 100℃止。

(4) 实验完毕,停止加热,关闭电源,将通和断开关打向"断",将测量的精测和粗测转换开关打向"粗测"。

(5) 由于加热时温度上升较快,所以做实验时,可以先加热到 100℃,然后每降 5℃测一次数。

【数据处理】

(1) 把实验测量数据填入表 4.10 中。

(2) 做 R_T-t 曲线。

(3) 做 $\ln R_T$-$1/T$($T=273+t$)直线,求此直线的斜率 B 和截距 A,由此算出常数 a 和 b 值,有条件者,最好用回归法代替做图法求常数 a 和 b 值。

(4) 根据求得的 a、b 值,计算出半导体热敏电阻的激活能 E 和温度系数 α(表 4.10)。

表 4.10　实验结果

R_T							
T							

实验4.8 分光计的调节和使用

分光计是一种常用的光学仪器,实际上是一种精密的测角仪。在几何光学实验中,主要用来测定棱镜角、光束的偏向角等,而在物理光学实验中,加上分光元件(棱镜、光栅)即可作为分光仪器,用来观察光谱,测量光谱线的波长等。

【实验目的】

(1)了解分光计的结构,掌握调节和使用分光计的方法。

(2)掌握测定棱镜角的方法。

(3)用最小偏向角法测定棱镜玻璃的折射率。

【实验仪器】

分光计、钠灯、三棱镜等。

分光计的结构:分光计主要由底座、望远镜、准直管、载物平台和刻度圆盘等几部分组成,每部分均有特定的调节螺钉,图4.34为JJY型分光计的结构外型图。

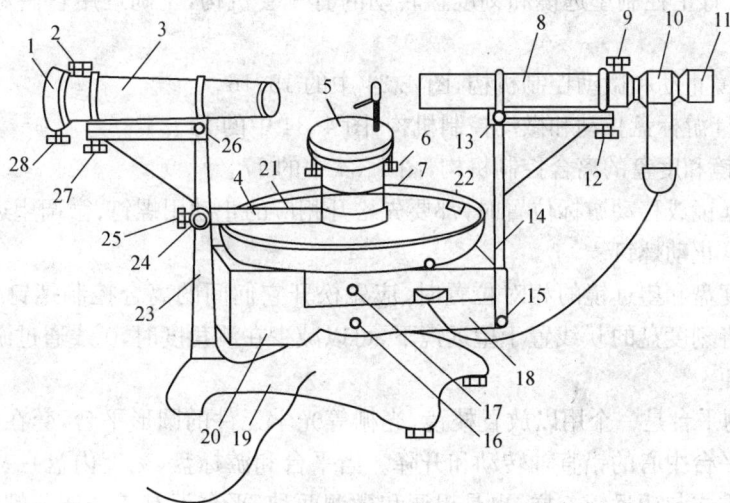

图4.34 JJY型分光计结构外形图

1.狭缝装置;2.狭缝装置锁紧螺丝;3.准直管;4.制动架(二);5.载物台;6.载物台调平螺丝;7.载物台锁紧螺丝;8.望远镜;9.望远镜锁紧螺丝;10.阿贝式自准直目镜;11.目镜视度调节手轮;12.望远镜光轴高低调节螺丝;13.望远镜光轴水平调节螺丝;14.支臂;15.望远镜微调螺丝;16.望远镜止动螺丝;17.转轴与度盘止动螺丝;18.制动架(一);19.底座;20.转座;21.度盘;22.游标盘;23.立柱;24.游标盘微调螺丝;25.游标盘止动螺丝;26.准直管光轴水平调节螺丝;27.准直管光轴高低调节螺丝;28.狭缝宽度调节手轮

(1)分光计的底座要求平稳而坚实。在底座的中央固定着中心轴,刻度盘和游标内盘套在中心轴上,可以绕中心轴旋转。

(2)准直管固定在底座的立柱上,它是用来产生平行光的。准直管的一端装有消色差物镜,另一端为装有狭缝的套管,狭缝的宽度可在 0.02~2mm 范围内改变。

(3) 望远镜安装在支臂上,支臂与转座固定在一起,套在主刻度盘上,它是用来观察目标和确定光线进行方向的。物镜 L_o 和一般望远镜一样为消色差物镜,但目镜 L_e 的结构有些不同,常用的是阿贝式目镜(其结构和目镜中的视场如图 4.35(a)所示)和高斯目镜(其结构和目镜中的视场如图 4.35(b)所示)。

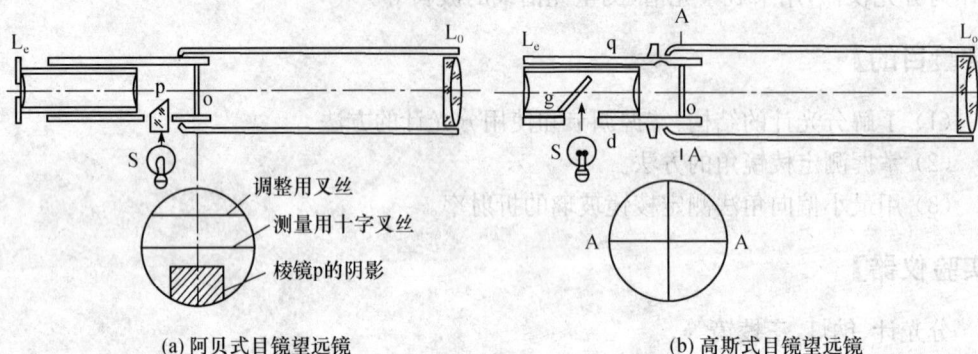

(a) 阿贝式目镜望远镜　　　　　　　　(b) 高斯式目镜望远镜

图 4.35　望远镜

(4) 分光计上控制望远镜和刻度盘转动的有三套机构,正确运用它们对于测量很重要,它们是:

① 望远镜止动和微动控制机构,图 4.34 中的 15、16。

② 分光计游标盘止动和微动控制机构,图 4.34 中的 24、25。

③ 望远镜和度盘的离合控制机构,图 4.34 中的 17。

转动望远镜或移动游标位置时,都要先松开相应的止动用螺钉;微调望远镜及游标位置时要先拧紧止动螺钉。

要改变度盘和望远镜的相对位置时,应先松开它们间的离合控制螺钉,调整后再拧紧。一般是将刻度盘的 0°线置于望远镜下,可以减少在测角度时,0°线通过游标引起的计算上的不方便。

(5) 载物平台是一个用以放置棱镜、光栅等光学元件的圆形平台,套在游标内盘上,可以绕通过平台中心的铅直轴转动和升降。当平台和游标盘(刻度内盘)一起转动时,控制其转动的方式与望远镜一样,也是粗调和微调两种;平台下有三个调节螺钉,可以改变平台台面与铅直轴的倾斜度。

(6) 望远镜和载物平台的相对方位可由刻度盘上的读数确定。主刻度盘上有 0°~360°的圆刻度,分度值为 0.5°。为了提高角度测量精密度,在内盘上相隔 180°处设有两个游标 $V_左$ 和 $V_右$,游标上有 30 个分格,它和主刻度盘上 29 个分格相当,因此分度值为 1′。读数方法参照游标原理,如图 4.36 所示读数应为 167°11′。记录测量数据时,必须同时读取两个游标的读数(为了消除刻度盘的刻度中心和仪器转动轴之间的偏心差)。安置游标位置要考虑具体实验情况,主要注意读数方便,且尽可能在测量中刻度盘 0°线不通过游标。

记录与计算角度时,左、右游标分别进行,注意防止混淆算错角度。

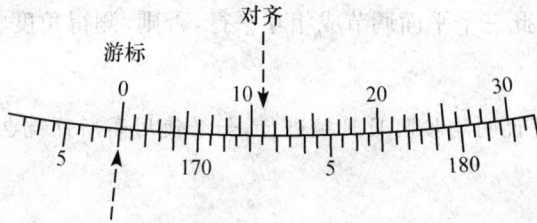

图 4.36　刻度盘

【实验内容】

一、分光计的调节

1. 调节要求

分光计是在平行光中观察有关现象和测量角度,因此要求:

(1) 分光计的光学系统(准直管和望远镜)要适应平行光。

(2) 从度盘上读出的角度要符合观测现象中的实际角度。

用分光计进行观测时,其观测系统基本上由下述三个平面构成(图 4.37)。

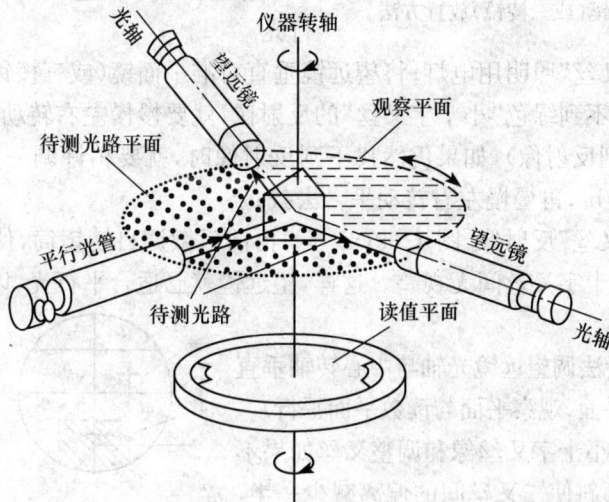

图 4.37　分光计观测系统示意图

① 读值平面就是读取数据的平面,由主刻度盘和游标内盘绕中心转轴旋转时形成的。对每一具体的分光计,读值平面都是固定的,且和中心主轴垂直。

② 观察平面由望远镜光轴绕仪器中心转轴旋转时所形成的。只有当望远镜光轴与转轴垂直时,观察面才是一个平面,否则,将形成一个以望远镜光轴为母线的圆锥面。

③ 待测光路平面由准直管的光轴和经过待测光学元件(棱镜、光栅等)作用后,所反射、折射和衍射的光线所共同确定的。调节载物平台下方的三个调节螺钉,可以将待测光路平面调节到所需的方位。

　　按调节要求,应将此三个平面调节成相互平行,否则,测得角度将与实际角度有些差异,即引入系统误差。

　　2. 调节方法(以下说明均按阿贝目镜进行,如果使用高斯目镜也可参照,因为原理是相同的)

　　(1) 粗调:

　　① 旋转目镜手轮(即调节目镜与叉丝之间的距离),看清测量用十字叉丝(图 4.35(a))。

　　② 用望远镜观察尽量远处的物体,前后调节目镜镜筒(即调节物镜与叉丝之间的距离),使远处物体的像和目镜中的十字叉丝同时清楚。

　　③ 将载物台平面和望远镜轴尽量调成水平(目测)。

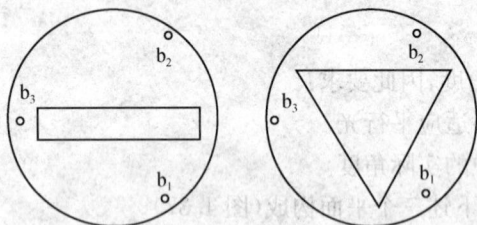

图 4.38　平面反射镜(或三棱镜)放置方法

　　在分光计调节中,粗调很重要,如果粗调不认真,可能给细调造成困难。

　　(2) 细调:将分光计附件——平面反射镜(或三棱镜)如图 4.38 放在载物平台上(注意放置方位,如图放置则主要由一个螺钉控制一个反射面的倾斜)。

　　① 应用自准直原理调望远镜适合平行光。

　　点亮"小十字叉丝"照明用电灯;将望远镜垂直对准平面镜(或三棱镜)的一个反射面,如果从望远镜中看不到绿色"小十字叉丝"的反射像,就要慢慢左右转动载物平台去找(粗调认真,均不难找到反射像),如果仍然找不到反射像时,就要稍许调一下图 4.37 中的控制该反射面的螺钉 b_1,再慢慢左右转动平台去找;

　　看到"小十字叉丝"反射像[图 4.39(a)]后,再前后微调目镜镜筒,使小十字叉丝反射像清楚且和测量用十字叉丝间无视差。这样,望远镜就已适合平行光,以后不许再改变望远镜的调焦状态。

　　② 用逐次逼近法调望远镜光轴与中心转轴垂直(即将观察面调成平面,观察平面与读数平面平行)。

　　由镜面反射的小十字叉丝像和调整叉丝如果不重合,调节望远镜倾斜使二叉丝间的偏离减少一半,再调节平台螺钉 b_1 使二者重合,如图 4.39(b)所示。

　　转载物平台,使另一镜面对准望远镜,左右慢慢转动平台,看到反射的小十字叉丝像,如果它和调整叉丝不重合,再同上由望远镜和螺钉 b_1 各调回一半(参照图 4.40)。

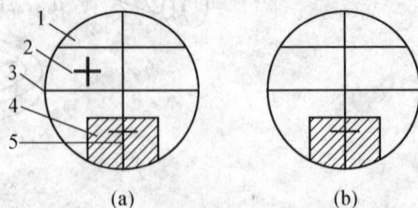

图 4.39　望远镜目镜视场示意图
1. 调整用叉丝;2. 十字叉丝反射像;3. 测量用叉丝;4. 棱镜 p 的阴影;5. 十字叉丝

注意事项

　　时常发现从平面镜的第一面见到了绿色小十字像、而在第二面则找不到,这可能是粗

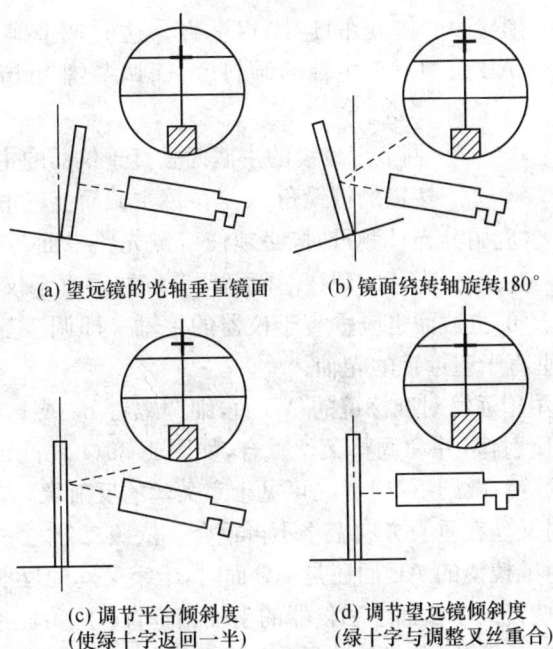

(a) 望远镜的光轴垂直镜面　　　　(b) 镜面绕转轴旋转180°

(c) 调节平台倾斜度　　　　　　(d) 调节望远镜倾斜度
（使绿十字返回一半）　　　　　（绿十字与调整叉丝重合）

图 4.40　望远镜调节方法示意图

调不细致,经第一面调节后,望远镜光轴和平台面均显著不水平,这时要重做粗调;如果望远镜轴及平台面无明显倾斜,这时往往是小十字像在调节叉丝上方视场之外,可适当调望远镜倾斜(使目镜一侧升高些)去找。

　　反复进行以上的调整,直至不论转到哪一反射面,小十字叉丝像均能和调整叉丝重合,则望远镜光轴与中心转轴已垂直。此调节法称为逐次逼近法或各半调节法。(问:上述调节后,载物平台的台面与中心转轴是否已垂直?)

　　③ 调节准直管使其产生平行光,并使其光轴与望远镜的光轴重合。

　　关闭望远镜叉丝照明灯,用光源照亮准直管狭缝;

　　转动望远镜,对准准直管;

　　将狭缝宽度适当调窄,前后移动狭缝,使从望远镜看到清晰的狭缝像,并且狭缝像和测量叉丝之间无视差。这时狭缝已位于准直管准直物镜的焦面上,即从准直管出射平行光束;

　　调准直管倾斜,使狭缝像的中心位于望远镜测量叉丝的交点上,这时准直管和望远镜的光轴平行,并近似重合。(问:为何讲近似重合,而不是完全重合?)

二、棱镜角的测量

　　(1) 将分光计的本体调节好,即应用自准直原理将望远镜对无穷远调焦,使望远镜的光轴垂直于仪器的主轴,使准直管产生平行光,并与望远镜共轴。

　　(2) 调节待测光路平面与观察平面重合,即调节棱镜折射的主截面垂直于仪器的主轴。

　　① 待测棱镜的放置方法

　　将待测棱镜按图 4.41 所示的方法,放置在载物平台上,使折射面 AB 与平台调节

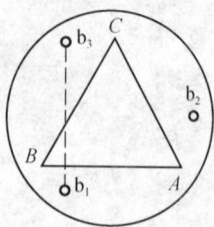

图 4.41　三棱镜放置
方法示意图

螺钉 b_1 和 b_3 的连线相垂直。这时调节螺钉 b_1 或 b_3,能改变 AB 面相对于主轴的倾斜度,而调节螺钉 b_2 对 AB 面的倾斜度不产生影响。

② 调节三棱镜的主截面垂直于仪器的主轴。

三棱镜的棱镜角 A 是棱镜主截面上三角形两边之间的夹角。应用分光计测量时,必须使待测光路平面与棱镜的主截面一致。由于分光计的观察平面已调节好并垂直于仪器的主轴,因此棱镜的主截面也应垂直于仪器的主轴。即调节三棱镜的两个折射面 AB 和 AC,使之均能垂直于望远镜的光轴。

调节的方法是先用望远镜对准棱镜的 AB 面,细调螺钉 b_1 或 b_3,使望远镜目镜视场中能看见清晰的叉丝反射像,并和调整叉丝重合,如图 4.39(b)所示。旋转棱镜台,再将棱镜的 AC 面对准望远镜,微调螺钉 b_2,又可见十字叉丝的反射像呈现在视场中。在一般情况下,视场中的两对叉丝在垂直方向上将不再重合。依照二分之一调节法,重复进行调节,直至无论望远镜对准棱镜的 AB 面还是 AC 面时,十字叉丝的反射像均能和调整叉丝无视差地重合,此时,棱镜的主截面才和仪器的主轴相垂直(注意:此过程中不可调节望远镜倾斜螺丝! 为什么?)。至此,分光计测量前的准备工作已全部调节完成。

注意事项

调节后的分光计在使用中,不要破坏已调好的条件;又分光计上可调螺钉较多,要明确它们的作用。

参照下述方法之一进行测量。

1. 自准直法

将待测棱镜置于棱镜台上。固定望远镜,点亮小灯照亮目镜中的叉丝,旋转棱镜台,使棱镜的一个折射面对准望远镜,用自准直法调节望远镜的光轴与此折射面严格垂直,即使十字叉丝的反射像和调整叉丝完全重合,如图 4.42 所示。记录刻度盘上两游标的读数 θ_1,θ_2;再转动游标盘联带载物平台,依同样方法使望远镜光轴垂直于棱镜第二个折射面,记录相应的游标读数 θ'_1,θ'_2;同一游标两次读数之差等于棱镜角 A 的补角 θ:$\theta = \frac{1}{2}[(\theta'_2 - \theta_2) + (\theta'_1 - \theta_1)]$,即棱镜角 $A = 180° - \theta$。重复测量几次,计算棱镜角 A 的平均值和标准不确定度。

2. 棱脊分束法

置光源于准直管的狭缝前,将待测棱镜的折射棱对准准直管,如图 4.43 所示,由准直管射出的平行光束被棱镜的两个折射面分成两部分。固定分光计上的其余可动部分,转动望远镜至 T_1 位置,观察由棱镜的一折射面所反射的狭缝像,使之与竖直叉丝重合;将望远镜再转至 T_2 位置,观察由棱镜另一折射面所反射的狭缝像,再使之与竖直叉丝重合,望远镜的两位置所对应的游标读数之差,为棱镜角 A 的 2 倍。

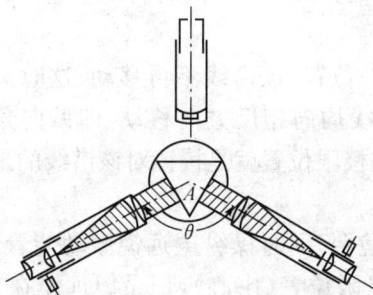

图 4.42　自准直法测棱镜角示意图　　　　图 4.43　棱脊分束法测棱镜角示意图

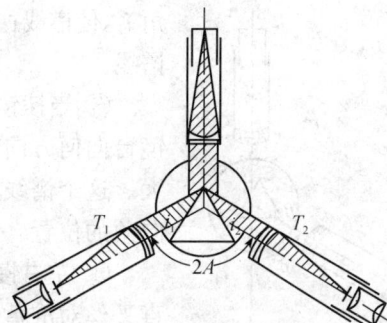

注意事项

在测量时,应将三棱镜的折射棱靠近棱镜台的中心放置,否则由棱镜两折射面所反射的光将不能进入望远镜。

三、棱镜玻璃折射率的测定

1. 原理

棱镜玻璃的折射率,可用测定最小偏向角的方法求得。如图 4.44 所示,光线 PO 经待测棱镜的两次折射后,沿 $O'P'$ 方向射出时产生的偏向角为 δ。在入射光线和出射光线处于光路对称的情况下,即 $i_1 = i'_2$,偏向角为最小,记为 δ_m。可以证明:棱镜玻璃的折射率 n 与棱镜角 A、最小偏向角 δ_m 有如下关系:

$$n = \frac{\sin\dfrac{A+\delta_m}{2}}{\sin\dfrac{A}{2}}$$

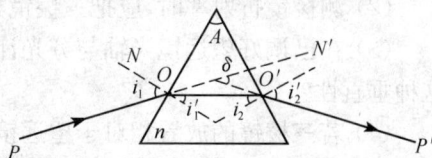

图 4.44　棱镜折射图

因此,只要测出 A 与 δ_m 就可从上式求得折射率 n。

由于透明材料的折射率是光波波长的函数,同一棱镜对不同波长的光具有不同的折射率。所以当复色光经棱镜折射后,不同波长的光将产生不同的偏向而被分散开来。通常棱镜的折射率是对钠光波长 589.3nm 而言。

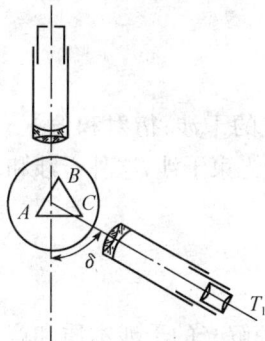

图 4.45　棱镜示意图

2. 测量

(1) 用钠灯照亮狭缝,使准直管射出平行光束。

(2) 测定最小偏向角:

① 将待测棱镜按图 4.45 所示放置在棱镜台上,转动望远镜至 T_1 位置,便能清楚地看见钠光经棱镜折射后形成的黄色谱线。

② 将刻度内盘(游标盘)固定。慢慢转动棱镜台,改变入射

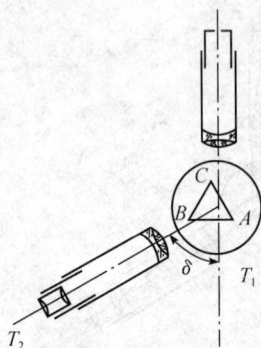

图 4.46　棱镜对称位置

角 i_1,使谱线往偏向角减小的方向移动,同时转动望远镜跟踪该谱线。

③ 当棱镜台转到某一位置,该谱线不再移动,这时无论棱镜台向何方向转动,该谱线均向相反方向移动,即偏向角都变大。这个谱线反向移动的极限位置就是棱镜对该谱线的最小偏向角的位置。

④ 左右慢慢转动棱镜台,同时操纵望远镜微动装置,使竖直叉丝对准黄色谱线的极限位置(中心),记录望远镜在 T_1 位置的两游标读数 θ_1,θ_2。

⑤ 将棱镜转到对称位置(图 4.46),使光线向另一侧偏转,同上寻找黄色谱线的极限位置,相应的游标读数为 θ_1',θ_2',同一游标左、右两次数值之差 $|\theta_1'-\theta_1|$、$|\theta_2'-\theta_2|$ 是最小偏向角的 2 倍,即

$$\delta_{\mathrm{m}} = \frac{1}{4}(\mid \theta_1'-\theta_1\mid+\mid \theta_2'-\theta_2\mid)$$

(3) 用测得的顶角 A 及最小偏向角 δ_{m} 计算棱镜玻璃的折射率 n 及不确定度。有关表示角度误差的数值要以弧度为单位。

【思考题】

(1) 在用自准直法调节望远镜时,如何判断分划板上黑十字线与物镜焦平面严格共面?

(2) 测棱镜折射率时,应把三棱镜如何放置在载物台上? 为什么这样放?

(3) 在已调好望远镜光轴与分光计转轴垂直以后,拧载物台的调整螺丝,会不会破坏这种垂直性?

(4) 若三棱镜的放置相对于望远镜偏低,对测量有无影响?

(5) 调节分光计所用的平面反射镜可否两面镀铝?

(6) 分光计为什么要设置两个游标?

(7) 设计一种不测最小偏向角而能测棱镜玻璃折射率的方案(使用分光计去测)。

(8) 何谓最小偏向角? 另设计一种测量最小偏向角的方法。

实验 4.9　双光干涉实验

波动光学研究光的波动性质、规律及其应用,主要内容包括光的干涉、衍射和偏振。双棱镜和双缝实验、双面镜实验、洛埃镜实验一样,都是分波前的双光束干涉,这种干涉和两个相干光源是否实际存在无关。

【实验目的】

(1) 通过双缝干涉、双棱镜干涉、洛埃镜干涉三个实验进一步理解光的干涉本质和产生的必要条件。

（2）利用三个实验分别测出光波的波长，比较各自不同的特点。

练习一　双缝干涉

【实验原理】

在一定条件下两束光相互重叠时，会出现明暗相间的条纹，这种重叠光束相互加强和相互减弱的现象称为光的干涉现象。只有相干光才能产生干涉，因此在实验时，总是利用各种方法从同一光源获得两束相干光来产生干涉现象。1801 年英国物理学家杨氏首先以极简单的装置获得了光的干涉条纹，开创了分波阵面法得到相干点、缝光源的先例。杨氏实验的装置如图 4.47 所示：用单色光源照亮一狭缝 S，在 S 后面放一开有两个靠得很近的相互平行的狭缝 S_1 和 S_2，在较远的接收屏上即可观察到明暗相间的干涉条纹。

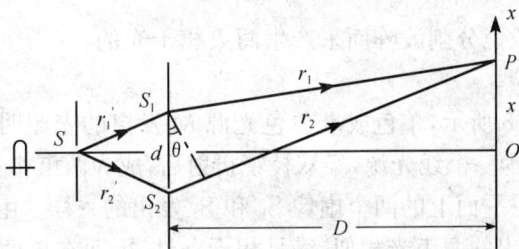

图 4.47　杨氏实验的装置原理图

在图 4.47 中，$r_1' = r_2'$。当 $d \ll D, x \ll D$ 时，两束光的光程差：

$$\Delta = r_2 - r_1 \approx d\sin\theta \approx d\frac{x}{D} \tag{4.44}$$

当 $\Delta = k\lambda$ 时为明条纹，代入式（4.44）可得明条纹的位置为

$$x_{K明} = k\frac{D}{d}\lambda \quad k = 0, \pm1, \pm2, \cdots \tag{4.45}$$

当 $\Delta = \frac{1}{2}(2k+1)\lambda$ 时为暗条纹，代入式（4.44）可得暗条纹的位置为

$$x_{K暗} = \left(k + \frac{1}{2}\right)\frac{D}{d}\lambda, \quad k = 0, \pm1, \pm2, \cdots \tag{4.46}$$

由式（4.45）和式（4.46）可知，相邻明条纹或相邻暗条纹的间距皆为

$$\Delta x = x_{k+1} - x_k = \frac{D}{d}\lambda \tag{4.47}$$

则

$$\lambda = \frac{d}{D}\Delta x \tag{4.48}$$

所以，只要测出两狭缝的间距 d，双缝到屏的距离 D 以及明条纹或暗条纹的间距 Δx，代入式（4.48），就可求出入射光的波长。

【实验仪器】

钠光灯、单缝、双缝、读数显微镜、测微目镜等。

【实验内容】

(1) 把各仪器按图 4.47 依次放置于光具座上,用测微目镜代替光屏,调节仪器共轴等高。

(2) 使单缝与双缝平行,调整单缝的宽度,直到在测微目镜中能看到清晰干涉条纹。测量明条纹或暗条纹的间距 Δx 以及双缝到测微目镜的距离 D。

(3) 用读数显微镜测量双缝的间距 d。

(4) 把测出的各量代入式(4.48),求出钠光波长。

练习二　双棱镜干涉

【实验原理】

本实验是利用双棱镜分割波阵面来产生两束相干光的,在历史上这个实验曾是证明光的波动性的典型实验。

实验装置如图 4.48 所示,单色或准单色光源 M 发出的光照明一个取向和缝宽均可调节的狭缝 S,使 S 成为一个线光源,经双棱镜折射后,成为两束相互重叠的光束,它们好像是由与狭缝处于同一平面上的两个虚像 S_1 和 S_2 发出的一样。由于这两束光来自同一光源,与杨氏双缝所发出的两束光相似,满足相干条件,因而在该两束光的交叠区内产生干涉现象。如果将光屏或测微目镜置于干涉区域中的任何地方,则光屏上或测微目镜的分化板上将出现明暗交替的干涉条纹。因为干涉条纹间距很小,在光屏上的这种条纹很难分辨,所以一般采用测微目镜或显微镜来观察。设入射光的波长为 λ,两虚光源 S_1 和 S_2 间的距离为 d,狭缝平面到观察屏的距离为 D。则有式(4.48)成立。所以测出 d、D 和 Δx,就可计算出光波波长。

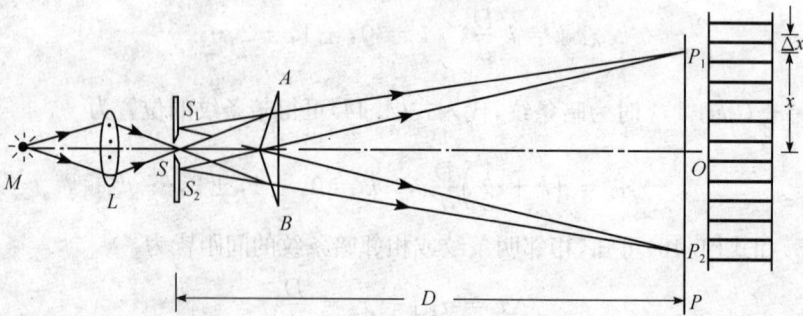

图 4.48　双棱镜干涉

其中,d 的测量用两次成像法,如图 4.49 所示:在双棱镜和测微目镜之间放置一焦距为 f' 的凸透镜,当 $D>4f'$ 时,前后移动透镜,可有两个位置使虚光源成像于测微目镜中。图 4.50 为两次成像光路图,当 L 在位置(a)时,得到放大实像 d_1;L 在位置(b)时,得到缩小实像 d_2. 从几何关系知:

$$\frac{d}{d_1}=\frac{a_1}{b_1} \quad \frac{d}{d_2}=\frac{a_2}{b_2}$$

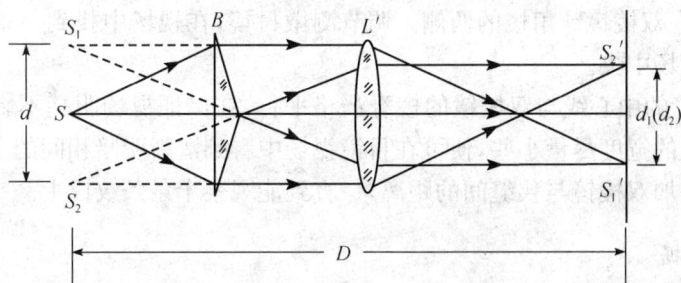

图 4.49　两次成像法测虚光源距离

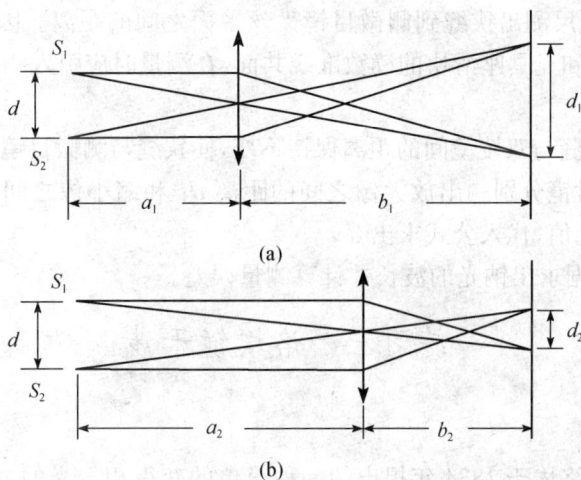

图 4.50　两次成像光路图

当物和屏位置不变时,从共轭成像关系知 $a_1 = b_2$, $a_2 = b_1$, 所以 $\dfrac{d}{d_1} = \dfrac{d_2}{d}$, 从而得出:

$$d = \sqrt{d_1 d_2}。$$

用测微目镜测出 d_1 和 d_2 后,代入上式即求出两虚光源之间的距离。

【实验仪器】

光具座、钠光灯、可调狭缝、双棱镜、测微目镜、辅助透镜(两片)、白屏等。

菲涅耳双棱镜是一顶角接近 180°的三棱镜,它相当于由两个底面相接、棱角很小的直角棱镜拼和而成。

【实验内容】

1. 调节光路

(1) 将单色光源 M、会聚透镜 L、狭缝 S、双棱镜 B 与测微目镜 P,依次放置在光具座上,调节共轴等高。

(2) 点亮钠光灯,使其通过棱镜均匀照亮狭缝,调节双棱镜或狭缝使单缝射出的光束能对称地照射在双棱镜钝角棱的两侧。调节测微目镜,在视场中找到一条亮带或干涉条纹,使其置于视场中央。

（3）使狭缝的中心线与双棱镜的棱脊严格平行,在保证视场明亮不影响条纹观察的前提下,使狭缝的宽度尽量小些,便可在目镜视场中看到清晰明暗相间的干涉条纹。若条纹数目少,可增加双棱镜与狭缝间的距离,一直到能观察十条条纹以上。

2. 测量数据

（1）测 Δx:为了提高测量的精度,用测微目镜测出 n 条条纹间隔的距离,除以 n,求得 Δx。测三次,求平均值。

（2）测 D:用米尺测出狭缝到测微目镜叉丝平面之间的距离。因为狭缝平面和测微目镜叉丝平面均不和光具座滑块的读数准线共面,在测量时应引入相应的修正。测三次,求平均值。

（3）测 d:使狭缝与双棱镜间的距离保持不变,使狭缝与测微目镜的距离 D' 大于 $4f'$,移动透镜,用测微目镜分别测出放大像之间的距离 d_1 和缩小像之间的距离 d_2。分别测量三次,并求出平均值,代入公式求出 d。

（4）由以上数据求出钠光的波长并计算测量误差。

练习三　洛埃镜干涉

【实验原理】

洛埃镜干涉是洛埃于 1834 年提出的一种简单的获得相干光的方法。洛埃镜是一块背面涂黑的平玻璃板,如图 4.51 所示,S_1 为垂直图面的缝光源,由它发出的光一部分直接射到屏上;另一部分经洛埃镜 MM' 上表面反射(入射角近 $90°$,称掠入射)后再射到屏上,这两列相干光波一是由 S_1 直接发出的;另一束反射光可看成 S_1 的反射虚像 S_2 发出,S_1、S_2 为相干光源,屏上可观察到干涉条纹。设 S_1 到反射面的距离为 a,则相干光源之间的距离 $d=2a$,D 为相干光源到屏的距离,由式(4.48)得

$$\lambda = \frac{2a}{D}\Delta x \tag{4.49}$$

测出 a、D、Δx 代入式(4.49)即可求出 λ。

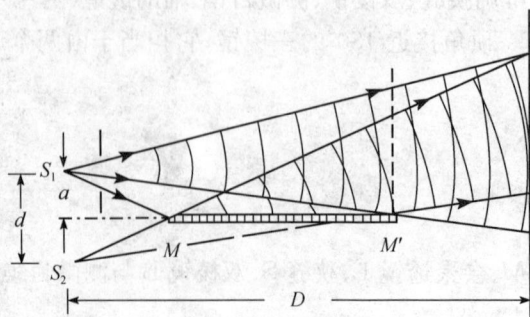

图 4.51　洛埃镜干涉

【实验仪器】

钠光灯、单缝、白光屏、洛埃镜、测微目镜等。

【实验内容】

(1) 如图 4.51 所示,把各仪器放置到光具座上,调节共轴等高。

(2) 把洛埃镜紧靠单缝水平放置到托盘上,使其上表面几乎与单缝同高。

(3) 调整测微目镜在光具座上的位置,让洛埃镜靠近测微目镜一端的棱边最清晰。

(4) 微调洛埃镜的高度和单缝的宽度,视场中便可出现清晰的干涉条纹,观察条纹的特点。

(5) 微调洛埃镜的高度,观察条纹的变化。

(6) 自行设计步骤,测量钠光波长。

【思考题】

(1) 在双棱镜实验中,调节干涉条纹清晰的主要步骤是什么?

(2) 在双棱镜实验中,当测完条纹的间距后,再测量两虚光源之间的距离时,测微目镜能否改变位置?

(3) 干涉条纹的宽度是由哪些因素决定的? 当狭缝和双棱镜之间的距离加大时,干涉条纹是变宽还是变窄,用公式加以阐明。

(4) 在双棱镜和光源之间为什么要放置一个狭缝? 说明狭缝宽度对干涉条纹的影响。

实验 4.10　利用光电效应测定普朗克常数

用光电效应测定普朗克常数是近代物理学中关键性实验之一。学习其基本方法,对于我们了解量子物理学的发展及光的本性认识,都是十分有益的。根据光电效应制成的各种光电器件在工农业生产、科研和国防等各个领域有着广泛的应用。

【实验目的】

(1) 通过本实验了解光的量子性和光电效应的基本规律,验证爱因斯坦方程。

(2) 求出普朗克常数。

【实验原理】

1. 光电效应及爱因斯坦方程

1887 年,赫兹在验证电磁波存在时意外发现,当一束入射光照射到金属表面上时,会有电子从金属表面逸出,这个物理现象被称为光电效应。用图 4.52 所示实验装置可研究光电效应的实验规律。图中 A、K 分别为真空光电管的阳极和阴极,G 是微电流计,V 是电压表。由实验可得光电效应的基本规律如下:

（1）当入射光频率不变时,饱和光电流 I_H 与入射光的强度成正比,即单位时间内产生的光电子数与入射光强成正比,如图 4.53 所示。其中 U-I 曲线称为伏安特性曲线。

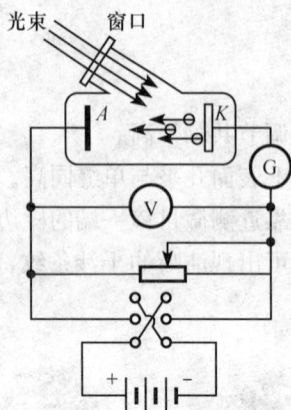

图 4.52　实验装置

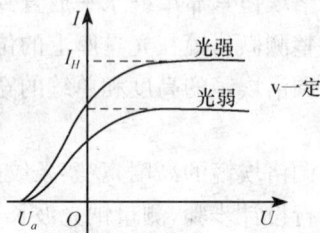

图 4.53　伏安特性曲线

（2）光电子的最大初动能(也即遏止电压),随入射光频率的增加而线性地增加,而与入射光强无关。

（3）对于给定金属,有一个极限频率 v_0,当入射光的频率 v 小于极限值 v_0 时,无论光强多大,都不会产生光电效应。

（4）光电效应是瞬时效应。当入射光的频率大于 v_0 时,一经照射,就有光电子产生。

1905 年,爱因斯坦依照普朗克的量子假设,提出光子的概念,给光电效应以正确的理论解释。他认为:从一点发出的光不是按麦克斯韦电磁理论指出的那样以连续分布的形式把能量传播到空间,而是频率为 v 的光以 hv 为能量单位一份一份地向外辐射。其中,h 为普朗克常数,目前公认值为 $h = 6.62619 \times 10^{-34} \mathrm{J \cdot s}$。至于光电效应,是具有能量 hv 的一个光子作用于金属中的一个自由电子,光子的能量一次全部被电子所吸收。该电子所获得的能量,一部分用来克服金属表面对它的束缚,剩余的能量就成为逸出金属表面后该光电子的动能。如果电子脱离金属表面耗费的能量为 W_S,则由光电效应打出来的电子的动能为

$$E = hv - W_S \quad 或 \quad \frac{1}{2}mv_0^2 = hv - W_S \tag{4.50}$$

这就是著名的爱因斯坦方程。

2. 普朗克常数的测定

实验原理如图 4.52 所示。当无光照射时,由于阴极和阳极处于断路状态,G 中无电流。有光照射时,光子 hv 射到阴极 K 上释放出光电子。当 A 加正电位,K 加负电位时,光电子被加速,形成光电流。加速电位差 U_{AK} 越大,光电流越大,当 U_{AK} 达到一定值时,光电流达到饱和值 I_H,如图 4.53 所示。当 K 加正电位、A 加负电位,U_{AK} 变负时,光电子被减速,光电流迅速减小,当 U_{AK} 负到一定量值,所有光电子都不能到达阳极 A,光电流减小为零。此时的 U_{AK} 称为遏止电位差,用 U_0 表示,满足方程:

$$\frac{1}{2}mv_0^2 = eU_0 \tag{4.51}$$

代入式(4.50)即有：

$$eU_0 = hv_0 - W_S \tag{4.52}$$

由于金属材料的逸出功 W_S 是金属的固有属性，对于给定的金属材料，W_S 是一个定值。令 $W_S = hv_0$，其中 v_0 为极限频率，即具有极限频率 v_0 的光子的能量恰恰等于逸出功 W_S，而没有多余的能量。将(4.52)式改写为

$$U_0 = \frac{h}{e}v - \frac{W_S}{e} = \frac{h}{e}(v - v_0) \tag{4.53}$$

用减速电位法，可测出不同频率 v 所对应的遏止电压 U_0。由此可作 U_0-v 曲线，由式(4.53)知，这是一条直线，如图 4.53 所示，它的斜率为 $\frac{h}{e}$，e 是电子电荷，公认值为 $e = 1.602189 \times 10^{-19}$C。由图 4.54 求出直线斜率 $b = \frac{\Delta U_0}{\Delta v}$，则普朗克常数也就可以算出。实际测出的光电流随电压变化的曲线，要比图 4.53 所示的复杂，主要是由于两个因素影响所致。

（1）存在暗电流和本底电流。在完全没有光照射光电管的情形下，也会产生电流，称为暗电流，它是由热电流、漏电流两部分组成。本底电流则是由于外界各种漫反射光入射到光电管上所致。它们都随外加电压的变化而变化。

（2）存在反向电流。在制造光电管的过程中，阳极不可避免地被阴极材料所沾染，而且这种沾染在光电管使用过程中会日趋严重。在光的照射下，被沾染的阳极也会发射电子，形成阳极电流即反向电流。因此，实测电流是阴极电流与阳极电流的叠加结果。使得电压与电流的关系曲线不再象图 4.53 那样，而是如图 4.55 所示，图中的电流零点不是阴极电流为零，而是阴极电流与阳极电流的代数和为零。即是说该点所对应的电压值并不是截止电压。

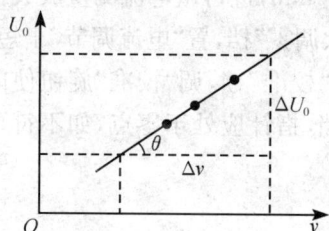

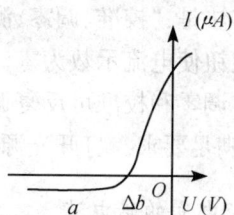

图 4.54　U_0-v 曲线　　　　　　　图 4.55　实际伏安特性曲线

在本实验中，由于阳极反向电流很小，在反向电压不大时就已达饱和，所以曲线下部变成直的。确定曲线的抬头点 b 处所对应的反向电压值，即相当于阴极电流的截止电压。

【实验仪器】

本实验采用 GP-Ⅲ型普朗克常数测定仪，其装置包括如下几部分：

1. 光源

采用 GGQ—50WHg 仪器用高压汞灯。在 $302.3 \sim 872.0$nm 的谱线范围内有 365.0nm、404.7nm、435.8nm、491.6nm、546.1nm、577.0nm 等谱线可供实验使用。

2. 光电管

采用 GD—27 型光电管。谱线范围:$340.0 \sim 700.0$nm,最高灵敏波长是 410.0nm$\pm$$10.0$nm,阴极光灵敏度约 1μA/Lm,暗电流约 10^{-12}A。为了避免杂散光和外界电磁场对微弱光电流的干扰,光电管装在带有入射窗口的暗盒内,暗盒窗口可以安放光阑和各种带通滤色片。

3. NG 型滤色片

汞光源中,除黄Ⅰ、黄Ⅱ两条谱线较为接近外,其余谱线都相距甚远,用滤色片已能得到良好的单色光。故采用 NG 型滤色片获得单色光,它具有滤选 365.0nm、404.7nm、435.8nm、546.1nm、577.0nm 等谱线的能力。

4. 微电流测量放大器

电流测量范围在 $10^{-13} \sim 10^{-6}$A,十进位变换。开机 30min 后,在 10^{-13}A 档不大于 4 字。$3\frac{1}{2}$ 位数字电流表,读数精度分 0.1μA(用于调零和校准)和 1μA(用于测量)。

【实验内容】

1. 测试前的准备

(1) 将光源、光电管暗盒、微电流测量放大器安放在适当位置,暂不连线。

(2) 接通微电流测量放大器电源,让其预热 $20 \sim 30$min,进行微电流测量放大器的调零和校准。方法是:"校准、调零、测量"开关置于"校准、调零"档,置"电流调节"于短路档,调节"调零"旋钮使电流示数为零。然后"电流调节"于"校准"档,调"校准"旋钮使电流表示数为-100,调零和校准可反复调整,旋动"倍率"各档,指针应处于零点,如不符再作调零,使之都能满足要求。打开光源开关,让汞灯预热。

2. 测量光电管的暗电流

(1) 用电缆将光电管阴极 K 与微电流放大器后板上的"电流输入"相连,用双芯导线将光电管阳极与地线连接到后面板的"电压输出"插座上,注意不要接反导线。

(2) 测量光电管的暗电流。遮住光电管暗盒窗口,将"校准、调零、测量"开关置于"测量"挡,"电流调节"置于 10^{-7} 或 10^{-6} 挡,旋动"电压调节"旋钮,仔细记录从-3V$\sim+3$V 不同电压下的相应电流值(电流值=倍率×电表读数×μA),此时所读得的即为光电管的暗电流。

3. 测量光电管的 U-I 特性曲线

（1）光源出射孔对准暗盒窗口，并使暗盒离开光源 30～50cm。测量放大器"倍率"置（$\times 10^{-5}$）。选定某一光阑孔径为 Φ 的光阑（记录其数值），在不改变光源与光电管之间的距离 L 的情况下，选用不同滤色片（λ 分别为 365.0nm，404.7nm，435.8nm，546.1nm，577.0nm）。

"电压调节"从 -3 或 -2 调起，缓慢增加，先观察一遍不同滤色片下的电流变化情况，记下电流明显变化的电压值以便精测。

（2）在粗测的基础上进行精测记录。从短波长起小心地逐次换入滤色片，仔细读出不同频率的入射光照射下的光电流，在电流开始变化的地方多读几个值。

（3）在精度合适的方格纸上，仔细做出不同波长（频率）的 U-I 曲线。从曲线中认真找出电流开始变化的"抬头点"，确定 I_{AK} 的截止电压 U_0。

（4）把不同频率下的截止电压 U_0 描绘在方格纸上。如果光电效应遵从爱因斯坦方程，则 U_0-γ 关系曲线应是一条直线。求出直线的斜率 b，代入式求出普朗克常数 $h=eb$。并算出所测值与公认值之间的误差。

【思考题】

（1）如何从实验数据及其 U-I 图线求出阴极材料的逸出功 W_S？

（2）实验时能否将滤色片插到光源的光阑口上？为什么？

（3）截止电压为什么不易测准？影响截止电压测准的因素是什么？

（4）在本实验中，引起误差的主要原因是什么？

第五章　综合设计研究型实验

几十年来,基础物理实验的教材形成了一种传统的模式,它指出实验的目的要求、阐明实验的基本原理、描述实验的仪器设备并介绍实验的方法和步骤。学生阅读了这样的教材后,只要按部就班地在实验室已安排好的仪器设备上进行调试、测量、记录,并进行适当的数据处理,就可以得出结果,完成实验;实践已证明,这样的实验教材:对于让学生初步学习如何进行物理实验、学会基本仪器的使用、加深对物理理论的了解,都是有益的,也是必要的。但只有这样的实验,对于学生动手能力、研究能力,特别是创新能力的培养,却是远远不够的,更不符合新世纪对大学教育提出的更高要求。

所谓"设计性研究性实验",是一种较高层次的实验训练,它要求学生自己查找和阅读各种参考材料,在此基础上,根据一定的实验要求,自行选择实验仪器、设计实验步骤、观察和记录实验现象和数据、研究实验过程中发现的种种问题,最后完成实验。虽然这种实验一般要花费较多的时间,而且往往要经历某些失败,甚至多次的失败,但却是培养学生独立从事科学研究工作能力特别是创新能力所必须的。

实验 5.1　摆 的 研 究

人们对摆动的研究由来已久,原始的计时装置就是源于对数学摆(单摆、双线摆)的研究。对物理摆(复摆、开特摆、耦合摆)的研究使得精确测量重力加速度和转动惯量成为可能。在物理学中,具有相互作用的振动系统即耦合振动系统,有深刻的含义而又极其普遍的。而在电磁学中电容和电感耦合起来的振荡回路、固体品格中相邻原子的振动模式以及光子和声子耦合产生的电磁耦合场均具有同样的现象和规律。

摆动的现代研究不仅在理论上,而且在科学研究和工程技术上都有极其重要的意义。

【实验目的】

(1) 通过实验验证的摆动基本规律。

(2) 研究耦合度的大小对耦合摆振动特性的影响。

(3) 利用复摆的周期曲线来求复摆的回转半径和复摆绕其质心的转动惯量。

(4) 检验转动惯量的决定因素并验证平行轴定理。

(5) 并学习用内插法求待测物理量的方法。

【实验提示】

(1) 简谐振动的振动方程是什么? 如何利用振动方程将振动合成?

(2) 振动合成的几种特殊情况中的条件是什么? 几种特殊情况有何特点?

(3) 如何满足振动合成几种特殊情况的条件? 必须注意什么?

（4）振幅的大小对振动有什么影响？振幅过大或过小有什么后果？

（5）什么是"拍"，如何理解"拍"的现象？

（6）什么是内插法，怎样利用内插法求待测物理量？

【实验仪器】

（1）耦合摆实验仪、光电门、数字毫秒计等。

（2）复摆、支承刀口、米尺、秒表、坐标纸、曲线板等。

方案一　研究耦合摆

【实验装置】

耦合摆实验装置是由两个同样重、无阻尼的振动摆（每个摆只有一个自由度），中间用很薄的弹簧片相连接即组成耦合摆。如图 5.1 所示。

【实验原理】

耦合摆在静止的情况下，二摆并不处于垂直位置，而是处于垂直位置的外侧角度为 φ_0 的地方。由于弹簧弹力 F 的作用，产生力矩 $M=Kx_0L$，K 为弹簧的劲度系数，x_0 为相对于弹簧原长的变化长度。L 为摆长。与此同时，每个摆还要受到重力力矩 $M=-mg\varphi_0L$ 的作用。保持摆 P_1 不动，使摆 P_2 从其平衡位置偏离角度 φ_0 这时作用在摆 P_2 上的总力矩为

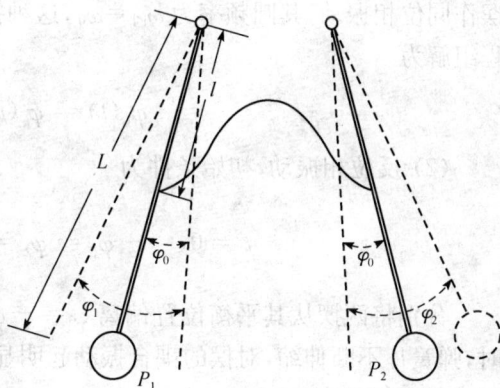

图 5.1　耦合摆

$$M_2 = -mgL(\varphi_2 + \varphi_0) - K(l\varphi_2 - x_0)l = -mgl\varphi_2 - Kl^2\varphi_2$$

其中 L 为悬挂点到弹簧片的距离。

如果摆 P_1 也偏转角度为 φ_1，这时，作用在摆 P_2 上的总力矩为

$$M_2 = I\frac{\mathrm{d}^2\varphi_1}{\mathrm{d}t^2} = mgl\varphi_2 - Kl^2\varphi_2 + Kl^2\varphi_1 = -mgl\varphi_2 - Kl^2(\varphi_2 - \varphi_1) \tag{5.1}$$

对摆 P_1，同理可得

$$M_1 = I\frac{\mathrm{d}^2\varphi_1}{\mathrm{d}t^2} = -mgl\varphi_1 - Kl^2(\varphi_1 - \varphi_2) \tag{5.2}$$

式（5.1）、式（5.2）中的 I 为摆的转功惯量，制造时，使两摆的 I 相同，式（5.1）、式（5.2）即为耦合摆的微分方程。可改写为

$$\frac{\mathrm{d}^2\varphi_1}{\mathrm{d}t^2} + \omega_0^2\varphi_1 = -\Omega^2(\varphi_1 + \varphi_2) \tag{5.3}$$

$$\frac{\mathrm{d}^2\varphi_2}{\mathrm{d}t^2} + \omega_0^2\varphi_2 = -\Omega^2(\varphi_2 + \varphi_1) \tag{5.4}$$

式中

$$\omega_0^2 = \frac{mgL}{I} \tag{5.5}$$

$$\Omega^2 = \frac{Kl^2}{I} \tag{5.6}$$

微分方程组(5.3),(5.4),根据三种典型的初始条件,可得到相应的解。

(1) 同位相振动。初始条件为

$$t = 0, \quad \varphi_1 = \varphi_2 = \varphi_\alpha, \quad \frac{\mathrm{d}\varphi_1}{\mathrm{d}t} = \frac{\mathrm{d}\varphi_2}{\mathrm{d}t} = 0$$

即将两摆偏转同样的角度 φ(相对平衡位置),在 $t=0$ 时,将它们同时释放,这时,两摆作同位相振动,其圆频率为 $\omega_{同}=\omega_0$,这种振动形式与耦合度的强弱无关。其相应的方程组解为

$$\varphi_1(t) = \varphi_\alpha(t) = \varphi_\alpha\cos\omega_0 t \tag{5.7}$$

(2) 反位相振动,初始条件为

$$t = 0, \quad -\varphi_1 = \varphi_2 = \varphi_\alpha, \quad \frac{\mathrm{d}\varphi_1}{\mathrm{d}t} = \frac{\mathrm{d}\varphi_2}{\mathrm{d}t} = 0$$

分别将两摆从其平衡位置偏离 $\varphi_1=-\varphi_\alpha$,$\varphi_2=+\varphi_\alpha$,在 $t=0$ 时,将它们同时释放,此时,弹簧片不断伸缩,对摆的耦合振动起明显的影响,两摆具有同样的圆频率 $\omega_{反}$,微分方程组相应的解为

$$\varphi_1(t) = \varphi_\alpha\cos\sqrt{\omega_0^2 + 2\Omega^2}\,t$$

$$\varphi_1(t) = -\varphi_\alpha\cos\sqrt{\omega_0^2 + 2\Omega^2}\,t$$

由此得出

$$\omega = \sqrt{\omega_0^2 + 2\Omega^2} \tag{5.8}$$

(3) 简正振动(晃动),初始条件为

$$t = 0, \quad \varphi_1 = \varphi_\alpha, \quad \varphi_2 = 0, \quad \frac{\mathrm{d}\varphi_1}{\mathrm{d}t} = \frac{\mathrm{d}\varphi_2}{\mathrm{d}t} = 0$$

即将摆 P_2 固定,摆 P_1 由平衡位置偏离角度 $\varphi_1=\varphi_\alpha$,在 $t=0$ 时,将两摆同时释放。最初,仅摆 P_1 振动,随着时间的推移,P_1 的振动能量通过弹簧片逐渐向摆 P_2 转移,一直到 P_1 停止振动,而摆 P_2 得到 P_1 的全部振动能量,以后再反复进行此过程。微分方程组的解为

$$\varphi_1(t) = \varphi_\alpha\cos\frac{\sqrt{\omega_0^2 + 2\Omega^2} - \omega_0}{2}t\cos\frac{\sqrt{\omega_0^2 + 2\Omega^2} + \omega_0}{2}t$$

$$\varphi_2(t) = -\varphi_\alpha\sin\frac{\sqrt{\omega_0^2 + 2\Omega^2} - \omega_0}{2}t\sin\frac{\sqrt{\omega_0^2 + 2\Omega^2} + \omega_0}{2}t \tag{5.9}$$

对于非强耦合的情况,$\omega_0 \gg \Omega$,则

$$\omega_1 = \frac{\sqrt{\omega_0^2 + 2\Omega^2} - \omega_0}{2} \approx \frac{\Omega^2}{2\omega_0}$$

$$\omega_2 = \frac{\sqrt{\omega_0^2 + 2\Omega^2} + \omega_0}{2} \approx \omega_0 + \frac{\Omega^2}{2\omega_0}$$

此时可明显看到"拍"的现象,$\varphi_1(t)$、$\varphi_2(t)$ 都可看作具有缓慢变化振幅的简正振动,当 $\varphi_1(t)$ 的振幅为最大,$\varphi_2(t)$ 的振幅为 0,反之,当 $\varphi_2(t)$ 的振幅最大,$\varphi_1(t)$ 的振幅为 0。两个摆的耦合程度可用耦合度 X 来描述,X 的定义为

$$X = \frac{Kl^2}{mgL + Kl^2} = \frac{\Omega^2}{\omega_0^2 + \Omega^2} \tag{5.10}$$

当测出了 $\omega_{同}$ 及 $\omega_{反}$ 后,X 也可用式(5.11)计算,即

$$X = \frac{\omega_{反}^2 - \omega_{同}^2}{\omega_{反}^2 + \omega_{同}^2} \tag{5.11}$$

方 案 二 研 究 复 摆

【实验装置】

复摆是一种能在重力作用下绕水平轴摆动的刚体。实验中所用的复摆如图 5.2 所示。它是一厚约 1cm、宽 5cm、长约 100cm 的长方形钢板。上面平均钻有 28 个直径约 1.6cm 的小孔,可悬挂在固定于墙壁上的支架的刀口上。每个孔均可作为悬挂点。

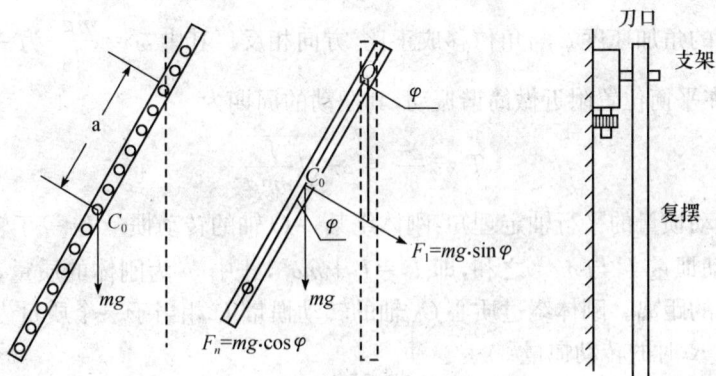

图 5.2 复摆

【实验原理】

设 m 为复摆的质量,O 为其水平摆动轴(亦即悬挂点),C_0 点为复摆的质量中心,平衡时,质心在 C_0 点,OC_0 在垂直位置。若将复摆拉开一小角度后释放,则复摆绕水平轴 O 在平衡位置附近做往复运动。

设某一时刻 t, $\overline{OC_0}$ 与垂直线成 φ 角,则在重力作用下,复摆受到一个使其回到平衡位置的力 $F_t = mg \cdot \sin \varphi$。此时,对于悬挂点 O 之力矩为 $M = -F_t \cdot \overline{OC_0} = -na \cdot \sin \varphi$。其中 $a = \overline{OC_0}$,负号表示力矩 M 的方向与角位移的增加方向相反(亦即此力矩的作用恒使 φ 角减少)。如果 φ 甚小,则 $\sin \varphi = \varphi$,则上式可写为

$$M = -mga\varphi \tag{5.12}$$

在这个力矩的作用下,刚体获得的角加速度 β 可以用下式表示

$$\beta = \frac{M}{I_0}$$

式中 I_0 为刚体对水平轴 O 的转动惯量。将式(5.12)代入上式有

$$\beta = -\frac{mga}{I_0}\varphi \tag{5.13}$$

又因为　　$\beta = \dfrac{\mathrm{d}\omega}{\mathrm{d}t} = \dfrac{\mathrm{d}^2\varphi}{\mathrm{d}t^2} = \ddot{\varphi}$

故式(5.13)可以改写为

$$\ddot{\varphi} = -\frac{mga}{I_0}\varphi \tag{5.14}$$

此时,复摆所满足的微分方程为

$$\frac{\mathrm{d}^2\varphi}{\mathrm{d}t^2} + \omega^2\varphi = 0$$

即

$$\ddot{\varphi} = -\omega^2\varphi \tag{5.15}$$

可见摆动的角加速度 $\ddot{\varphi}$ 与角位移成正比,方向相反。其中 $\omega^2 = \dfrac{mga}{I_0}$ 为一常数,故在 φ 很小时,复摆在平衡位置附近做简谐振动,其摆动的周期为

$$T = \frac{2\pi}{\omega} = 2\pi\sqrt{\frac{I_0}{mga}} \tag{5.16}$$

又根据转动惯量的平行轴定理知:刚体绕某一 O 轴的转动惯量 I_0 等于转动轴通过质心 C_0 时的转动惯量 I_c 与 ma^2 之和,即 $I_0 = I_c + ma^2$,式中 m 为刚体的质量,$a = \overline{OC_0}$ 为质量中心到转轴的距离。刚体绕过质心 C_0 轴的转动惯量 I_c 相当于一个质量为 m 的质点到转轴的距离为 R_c 时的转动惯量:

$$I_c = mR_c^2$$

式中 R_c 称为回转半径。因此,刚体摆动的周期可写为

$$T = 2\pi\sqrt{\frac{I_c + ma^2}{mga}} = 2\pi\sqrt{\frac{mR_c^2 + ma^2}{mga}} = 2\pi\sqrt{\frac{R_c^2 + a^2}{ga}} \tag{5.17}$$

由式(5.17)可见,如果在刚体质心两旁各选取若干水平轴(即悬挂点),即改变 a 的值,则摆动周期 T 亦随之改变,这样可得一组 (a_i, T_i) 数据。再以 T 为纵坐标,以 a 为横坐标作图,则得的曲线如图 5.3 所示。

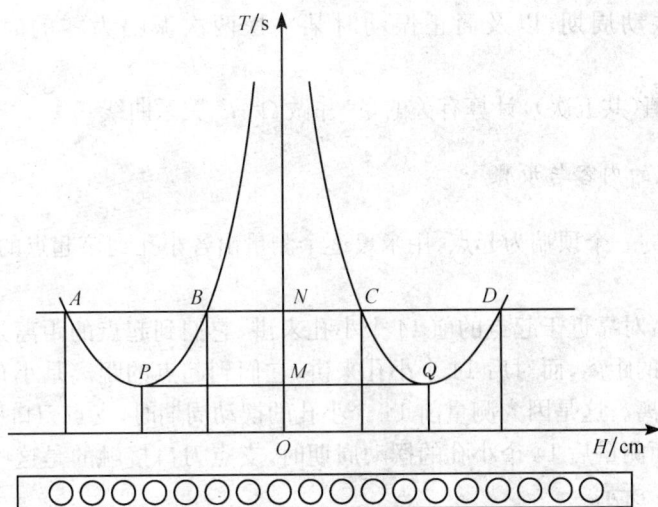

图 5.3　α-T 曲线

由图可见,纵坐标的两边是对称的两条曲线,两曲线上各有一最低点 P 及 Q,在这两个最低点上,摆动周期 T 最小,并且 T 最小时有 $a=R_c$。由于 a 是 O 点到质心 C_0(图中 M 点)的距离,$a=\overline{OC_0}$,所以只要从图中量出 $\overline{PQ}$ 的距离,则因 $\overline{PQ}=2a=2R_c$,即可求得回转半径:

$$R_c=\frac{1}{2}\,\overline{PQ} \tag{5.18}$$

另外,我们在图 5.3 中,又可看到,在 M 点以上,任意做一条周期等于 T_1 的横线 $\overline{AD}$ 与曲线相交于 A,B,C,D 四点,与纵轴交于 N 点。根据对称原理知 $\overline{AN}=\overline{DN}$,$\overline{BN}=\overline{CN}$,又因为这四个点的周期都相同,均为 T_1,则有

$$T_1=2\pi\sqrt{\frac{R_c^2+\left(\frac{1}{2}\,\overline{AD}\right)^2}{g\left(\frac{1}{2}\,\overline{AD}\right)}}=2\pi\sqrt{\frac{R_c^2+\left(\frac{1}{2}\,\overline{BC}\right)^2}{g\left(\frac{1}{2}\,\overline{BC}\right)}} \tag{5.19}$$

化简后可得
$$R_c^2=\frac{1}{4}(\overline{AD}\times\overline{BC}) \tag{5.20}$$

由此式可求得复摆的回转半径 R_c。

【实验内容】

1. 耦合摆研究的内容与步骤

(1) 将耦合弹簧片取下,分别测量每个摆的振动周期,如果周期不相同,调节使两摆的周期全相相等。

(2) 将两摆在离悬挂点相同的 l 处用弹簧片相连接,测量两摆做同位相振动、反位相振动各摆的振动周期,以及简正振动时某一摆两次振幅为零的时间间隔及振动次数。

(3) 改变 l 值(共五次),计算有关的量,并做 Ω^2-l^2 关系曲线。

2. 复摆研究的内容与步骤

(1) 以复摆的一个顶端为起点,用米尺逐个测量出各小孔到该起点的距离 b_i,记录于表 5.3 中。

测量时注意:对靠近于起点的前 14 个小孔来讲,它们到起点的距离是小孔靠近起点的那一侧到起点的距离,而对后 14 个小孔来讲,它们到起点的距离是小孔远离起点的那一侧到起点的距离。这是因为测量前 14 个小孔的摆动周期时,支点刀口接触的是小孔接近起点的一侧,而测量后 14 个小孔的摆动周期时,支点刀口接触的是这些小孔远离起点的一侧,如图 5.4 所示。

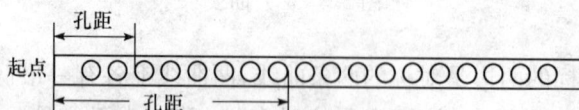

图 5.4　孔至起点的距离

(2) 从第一个小孔(靠近起点的第一个小孔)开始,逐次将复摆挂在支点刀口上,并用秒表测量它摆动 20 个周期所需的时间,重复三次,记录于表 5.4 中(参见后面附表),并求出平均值,计算出周期。测量时,应调节刀口使复摆无扭动,同时摆角不大于 5°,操作秒表要敏捷、准确,最好采用倒计时方法决定初始时间。

(3) 以所测得的各小孔到起点的距离 b_i 为横坐标,相应的周期 T_i 为纵坐标作图。作图时,要适当扩大纵坐标比例,以使曲线弯曲部分明显,易于测量 P,Q 两个最低点(注意实际作的图与原理图 5.3 的不同,因为此时质心 C_0 的位置并不知道,a_i 值也就不知道,需要从图中求得。所以只能以 b_i 为横坐标,同时纵坐标原点应取在 $b=0$ 位置)。

(4) 找出图 5.3 上两个最低点 P,Q,量出 $\overline{PQ}$ 的距离,由 $R_c = \dfrac{1}{2}\overline{PQ}$ 算出复摆的回转半径为 R_c。

(5) 以任一 T 值画一条平行于横坐标的直线,与曲线相交与 A、B、C、D 点,量出 $\overline{AD}$ 与 $\overline{BC}$,再由 $R_c^2 = \dfrac{1}{4}(\overline{AD} \times \overline{BC})$ 求出复摆的回转半径 K_c,与步骤(4)中所求得的 R_c 值相比较并求其平均值 $\overline{R_c}$。

(6) 由 $I_c = m\overline{R_c^2}$,求出复摆绕质心的转动惯量(m 值由实验室给出)。

(7) 在图 5.3 中找出 $\overline{PQ}$ 的中点 M 及 $\overline{AD}$ 的中点 N,由 M、N 两点的横坐标值决定复摆质心的位置,$C_0 = \dfrac{1}{2}(M+N)$。

（8）选做。

利用上面求得的 K_c 和 C_0，可由

$$T_1 = 2\pi\sqrt{\frac{R_c^2 + a_1^2}{ga_1}} = 2\pi\sqrt{\frac{R_c^2 + \overline{AC_0^2}}{gAC_0}}$$

求得重力加速度：

$$g = 4\pi^2 \frac{R_c^2 + \overline{AC_0}}{T_1^2 \overline{AC_0}} \tag{5.21}$$

注意事项

（1）摆和底座都很重，操作时要当心，防止掉地上，以免伤害自己和他人身体。

（2）摆上的挡光针都很尖锐，要小心操作，以免伤害自己和他人身体。

【数据处理】

1. 耦合摆研究的数据处理方案

（1）将弹簧片取下，分别测量两摆周期，并调节摆下螺母使两摆周期相等（表 5.1）。

表 5.1　分别测量两摆的周期数据表

次数	1	2	3	4	5	$\bar{t}/s$	ω_0
左摆							
右摆							

（2）测量两摆作同位相振动、反位相振动的各摆振动周期（表 5.2）。

表 5.2　两摆同、反位相的振动周期数据表

L/cm	同位相振动					反位相振动					X
	1	2	3	$\bar{t}/s$	$\omega_同$	1	2	3	$\bar{t}/s$	$\omega_反$	
45.0											
50.0											
55.0											
60.0											
65.0											

（3）自拟表格，测简正振动耦合摆周期及相关参数，并做出 Ω^2-l^2 关系曲线。

2. 复摆研究的数据处理方案

（1）测量孔距（表 5.3）。

表 5.3　测量孔距

小孔次序	1	2	3	4	5	6	7	8	9	10	11	12	13	14
距离 b/cm														
小孔次序	15	16	17	18	19	20	21	22	23	24	25	26	27	28
距离 b/cm														

（2）逐孔测量摆动 20 个周期所需的时间,重复测量三次,并求出时间平均值及周期 T_0（表 5.4）。

表 5.4　测量周期

时间 ＼ 孔	1	2	3	4	5	6	7	8	9	10	11	12	13	14
t_1														
t_2														
t_3														
T														
时间 ＼ 孔	15	16	17	18	19	20	21	22	23	24	25	26	27	28
t_1														
t_2														
t_3														
T														

【实验报告】

（1）写出本实验的目的和意义。

（2）简要介绍本实验涉及的基本原理。

（3）介绍实验装置,包括它的原理、功能、特性等。

（4）记录实验过程中遇到的问题及解决的办法,特别是实验者有创新和有体会的内容。

（5）本实验为研究性实验,根据自己的实验内容,以实验研究论文的形式提交包括以上必要内容的实验报告。

【思考题】

（1）分析耦合振动系统出现强耦合和弱耦合的条件是什么？ 它们与哪些因素有关？

（2）如何从观察到的"拍"现象中求 ω_1,ω_2？

（3）如果在复摆的某一位置上加一配重,其振动周期将如何变化？

（4）用一块均匀的薄板,切割成如图 5.5 所示的图形,如何用实验的方法求出该板型船在其中心（位置未知）周围的转动惯量（与板面垂直的轴）。

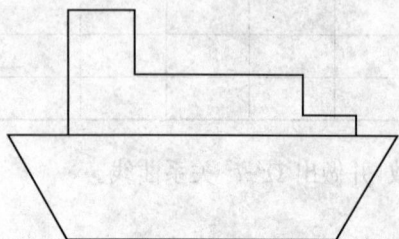

图 5.5　薄板小船

实验 5.2　声速的测量

声波是一种在弹性介质中传播的机械波,为弹性纵波。声速是描述声波在介质中传播特性的一个重要物理量,声速与介质的性质和状态有着密切的关系,因此,借助声速的测量,常常可以间接地完成诸如材料的弹性模量的测定、气体成分的分析、液体密度和溶液浓度的测定等。声波在介质中传播时,会引起温度变化和传热,因此声速还与热过程有关。频率在 20～20kHz 之间能引起人类听觉的叫做可闻声波;频率低于 20Hz 的叫做次声波;频率大于 20kHz 的叫做超声波。声学的研究和发展对动物语言、建筑、医学、环境保护等领域是非常重要的。20 世纪后,人们越来越注重对次声波和超声波的研究和应用。

【实验目的】

(1) 了解声速与温度的关系。

(2) 利用声速与温度的关系计算空气中的声速。

(3) 设计用共振干涉法、相位比较法测量空气中的超声、可闻声速的实验方案。

(4) 利用声速求空气的比热容比,培养综合使用仪器的能力。

【实验提示】

(1) 驻波的形成条件是什么? 驻波有何特点或规律?

(2) 在空气中传播的声波是纵波还是横波,如何使空气中的声波叠加形成驻波?

(3) 怎样将声音信号(机械信号)转变成可测量的电压信号?

(4) 怎样用示波器观察两个互相垂直的简谐振动的叠加振动和位相差?

(5) 声速与温度的关系是怎样的? 了解其理论推导。如何利用温度与声速的关系计算空气的比热容比?

(6) 掌握示波器、信号发生器的调节及使用方法。

(7) 怎样测定声波波长? 实验时只测定一个波长间隔可以吗?

【实验仪器】

(1) 带有两个压电换能器的大型游标卡尺、信号发生器、数字频率计(二者也可合一)、示波器、温度计。

(2) 扬声器、耳塞机、米尺和玻璃管、低频信号发生器、数字频率计、信号放大器、示波器等。

【实验报告】

(1) 写明本实验的目的和要求。

(2) 阐述你所采用的实验基本原理。

(3) 记下实验所用仪器和装置。

（4）记录实验步骤及各种实验现象，列出数据表格，根据要求给出实验结论。

（5）谈谈本实验的总结、收获和体会。

（6）对教学工作提出意见和建议。

【实验原理】

方案一　温度比较法

空气近似认为是理想气体，则声波在空气中的传播过程可以认为是绝热过程，于是声速可以表示为

$$v = \sqrt{\frac{\gamma k T}{m}} \tag{5.22}$$

式中 k 为玻尔兹曼常数，m 为气体分子的平均质量，γ 是空气的比热容比（绝热系数），T 为热力学温度。由(5.22)式可知，只要测出热力学温度 T 时的声速，就可算出空气的比热容比

$$\gamma = \frac{C_p}{C_v} = \frac{mv^2}{kT} = \frac{\mu v^2}{RT} \tag{5.23}$$

式中 μ 是空气的摩尔质量。此外，式(5.23)也为我们提供了一个测声速的简便方法。将 $T = 273.15 + t$(摄氏温度)代入式(5.22)，可得

$$v = \sqrt{\frac{\gamma k}{m}} \sqrt{273.15 + t} = \sqrt{273.15} \sqrt{1 + \frac{t}{273.15}} \sqrt{\frac{\gamma k}{m}} = v_0 \sqrt{1 + \frac{t}{273.15}} \tag{5.24}$$

式中 v_0 是空气处于零摄氏度时的声速：$v_0 = \sqrt{273.15 \times \frac{\gamma \cdot k}{m}}$。

实验测得，在空气中水蒸气、碳酸气含量和风速处于正常条件下，气温 0℃时的声速为：$v_0 = 331.45 \mathrm{ms}^{-1}$。所以。只要测出空气的摄氏温度，就可以算出相应的声速。

方案二　共振干涉法（驻波法）

根据波动理论，声速 v 可表示为

$$v = \lambda \cdot f \tag{5.25}$$

在声波频率 f 已知的前提下，只要精确测定空气中声波波长 λ，就可确定声速。实验室常采用共振干涉法，即驻波法测声波波长 λ。

设有一从发射源发出频率为 f 的平面声波，经过空气传播，到达接收器，如果接收面与发射面严格平行，在接收面上设置反射装置，入射波即在接收面上垂直反射回去；在发射面上也装有反射装置，故反射波又将被反射回去。如此往返，声波经多次选加，将在声源与接收器之间发生共振干涉现象，形成较强的驻波，如图 5.6 所示。

设沿 X 轴正方向发射的平面波方程为

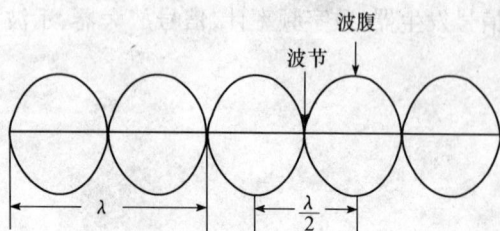

图 5.6　驻波

$$y_1 = A\cos\left(\omega t - \frac{2\pi}{\lambda}x\right)$$

则反射波方程为

$$y_2 = A\cos\left(\omega t + \frac{2\pi}{\lambda}x\right)$$

两波叠加,在空间某点的合振动方程为

$$y = y_1 + y_2 = \left|2A\cos\left(\frac{2\pi}{\lambda}x\right)\right|\cos\left(2\pi\frac{t}{T}\right) \tag{5.26}$$

该方程称为驻波方程。改变接收器与发射器之间的距离 x,如果下列等式成立:

$$\frac{2\pi}{\lambda}x = \pm n\pi$$

即

$$x = \pm n\frac{\lambda}{2}, n = 1, 2, 3, \cdots \tag{5.27}$$

则该点的声振动振幅最大,称为波腹(图 5.6)。

如果

$$\frac{2\pi}{\lambda}x = \pm\frac{2n+1}{2}\pi$$

即

$$x = \pm(2n+1)\frac{\lambda}{4}, n = 0, 1, 2, 3, \cdots \tag{5.28}$$

则该点的声振动振幅最小,称为波节(图 5.6)。

驻波的波长与声波相同,反射面处为声压的波腹、位移的波节,且波腹与波腹、波节与波节之间的距离都是 $\frac{\lambda}{2}$(即半个波长)。因此,在保持声源频率 f 不变的情况下,可以通过移动接收器(或声源)来改变接收器与声源之间的距离。依次测出接收信号极大的位置 $x_1, x_2, x_3\cdots x_n$,则任意相邻两次达到极大的位置之差就是半个波长,即

$$|x_{i+1} - x_i| = \frac{\lambda}{2} \tag{5.29}$$

测出了波长 λ,由 $v = \lambda \cdot f$ 即可得到波速 v。即

$$v = f \times 2\,|x_{i+1} - x_i| \tag{5.30}$$

方案三　位相比较法(行波法)

虽然声场中任一点振动的相位是随时间而变化的,但它和声源的相位之差 $\Delta\varphi$ 却不随时间而变化。设测量点与声源相距 l,则

$$\Delta\varphi = 2\pi \cdot f\frac{l}{v} = 2\pi\frac{l}{\lambda} \tag{5.31}$$

设观测点距声源 l_1 时,$\Delta\varphi = (2k-1)\pi$(位相相反),将观测点移至与声源相距 l_2 时,$\Delta\varphi = 2k\pi$(位相相同)。则有

$$2\pi\frac{l_2}{\lambda} - 2\pi\frac{l_1}{\lambda} = 2k\pi - (2k-1)\pi = \pi$$

即

$$l_2 - l_1 = \frac{\lambda}{2} \tag{5.32}$$

　　因此,将接收器从声源附近慢慢移开,就可以测到一系列与声源反位相或同位相之点的位置 $l_1, l_2, l_3, \cdots$ 由式(5.32)求出波长 λ,也可以利用示波器来确定反位相或同位相点的位置,将声源与接收器的信号分别输入到示波器的 X 轴和 Y 轴,随着位相差的改变将看到不同的椭圆,而在反位相和同位相点看到的将是一直线。

【实验装置】

1. 超声速的测量实验装置

　　测量声速的实验装置如图 5.7 所示。其中,声波发射器与接收器是由压电陶瓷片构成的电声与声电转换元件,由音频信号发生器产生的正弦电压施加在发射器上,转换成机械波(声波),接收器接收入射声波,并将其转换成正弦电压信号,此信号输入示波器进行显示观察。发射器和接收器分别安装在大型游标卡尺的固定端和活动端上。从而保证在一定的长度范围内可连续自如地改变和精确地测量距离 x。此外,还附有能精确测量音频振动信号频率的数字频率计。

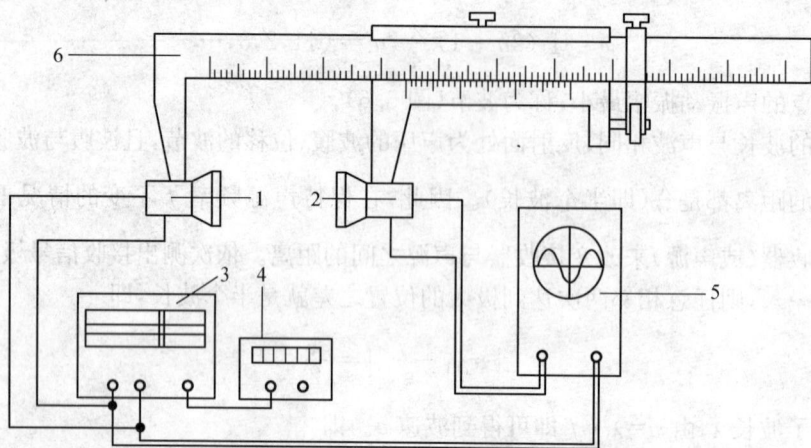

图 5.7　超声速的测量装置

1. 声波发生器;2. 声波接收器;3. 信号发生器;4. 数字频率计;5. 示波器;6. 大型游标卡尺

2. 可闻声速的测量实验装置

　　实验装置如图 5.8 所示,它由扬声器、耳塞机、米尺和玻璃管组成。扬声器作为声源,用耳塞机作为接收器是着眼于它的体积小,对声场的干扰较小(如用小的晶体或电话送话器更好),玻璃管(或用塑料管、金属管)是为了减少声波发散造成的强度衰减,同时降低外界声响的干扰。如果玻璃管的两端封闭并充满气体,则可以用来测量该气体中的声速。在耳塞机后加一圆锥形的吸音体(用柔软多孔的材料制作)是为了减少对声波的反射,以利于在行波中进行测量。用共振干涉法测量时,则要在耳塞机处放置一反射板。用耳塞机接收时输出的信号较弱,需要用交流放大器(100～200 倍)放大后送入示波器。扬声器的位置由米尺读出。

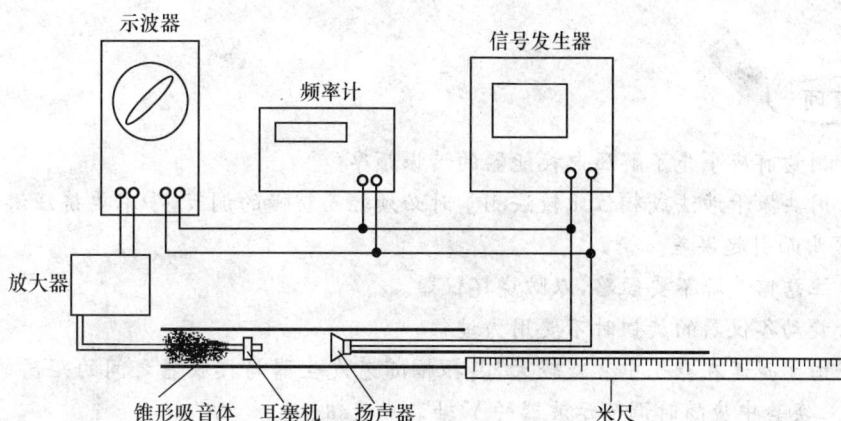

图 5.8　可闻声速的测量装置

【实验内容】

1. 超声速测量的内容与步骤

（1）测出室温 t，用温度比较法，利用式（5.24）求出声速。

（2）共振干涉法测波长。

① 按图 5.7 连接线路。

② 调整游标卡尺，先使发射器端面与接收器端面靠近，调节信号发生器与示波器，使示波器屏上出现正弦信号。

③ 寻找共振频率：调节信号发生器输出频率，使示波器屏上观察到的信号最大，此时的频率就是共振频率（即换能器的固有频率）f_0。在共振频率时，换能器有最大的转换效率，声波能传得较远，测量灵敏度也较高。

④ 测波腹位置：在共振频率条件下，将接收器向远离发射器方向缓慢移动（利用游标卡尺上的微调装置），当示波器屏上依次出现信号振幅最大时，分别记下游标卡尺上的读数 $x_1, x_2, x_3, \cdots$，共 12 点。

2. 可闻声速测量的内容与步骤

（1）用共振干涉法测声速：调节信号频率在 2000～4000Hz 之间，断开信号发生器与示波器之间的连线。移动扬声器，测量相邻几个波节的位置（示波器上波形幅度最小时，就是波节的位置了）。重复几次，求出各相应位置的平均值。用逐差法求出波长 λ。将数据代入 $v = \lambda \cdot f$ 求出声速 v。

（2）用相位比较法测声速：连接信号发生器与示波器（X 轴输入），卸去反射板，选定一个频率（2000～4000Hz 之间）。移动扬声器，测量相邻几个波节的位置（示波器上出现斜直线时，就是波节的位置）。重复几次，算出相应位置的平均值，用逐差法算出波长 λ，利用 $v = \lambda \cdot f$ 求出声速 v。

注意事项

(1) 测量前应事先了解压电换能器的谐振频率。

(2) 用共振干涉法或相位比较法测量时必须轻而缓慢的调节,手不要挤压游标尺,以免主尺弯曲而引起误差。

(3) 注意信号源不要短路,以防烧坏仪器。

(4) 旋动各仪器的旋钮时不要用力过猛。

(5) 由于声速在空气中衰减较大,其振幅随着发生器与接收器之间的距离的变大而显著变小,实验中应随时调节示波器的 Y 轴衰减旋钮。

【数据处理】

(1) 数据记录与计算(表 5.5):

实验开始时室温 $t=$ _____ ℃;实验结束时室温 $t'=$ _____ ℃。

开始频率 $f_0=$ _____ Hz;结束频率 $f_0'=$ _____ Hz。

$\overline{f_0}=\dfrac{f_0+f_0'}{2}=$ _____ Hz;$v=\overline{f_0}\cdot\bar{\lambda}=$ _____ ms^{-1}。

(2) 温度比较法计算:

$$v_t = v_0\sqrt{1+\frac{t}{273.15}}=331.45\times\sqrt{1+\frac{t+t'}{2\times273.15}}=\text{_____ ms}^{-1}。$$

表 5.5　波腹位置记录与计算波长 λ 表

i	x_i/cm	$i+6$	x_{i+6}/cm	$\lambda_i=\dfrac{1}{3}|x_{i+6}-x_i|/\text{cm}$	$\Delta\lambda_i=|\lambda_i-\bar{\lambda}|/\text{cm}$
1		7			
2		8			
3		9			
4		10			
5		11			
6		12			
				$\overline{\lambda_i}/\text{cm}$	$\overline{\Delta\lambda}/\text{cm}$

(3) 声速的相对不确定度:

$\dfrac{U_{f_0}}{f_0}$ 由实验教师根据仪器情况给出,波长的不确定度 $U_\lambda=\sqrt{U_{\lambda_A}^2+U_{\lambda_B}^2}$,而 $U_{\lambda_A}=$

$\sqrt{\dfrac{\sum(\lambda_i-\bar{\lambda})^2}{n-1}}=$ _____;$U_{\lambda_B}=\dfrac{0.02}{\sqrt{3}}=$ _____,

由此 $U_r=\dfrac{U_v}{v}=\sqrt{\left(\dfrac{U_{f_0}}{f_0}\right)^2+\left(\dfrac{U_\lambda}{\lambda}\right)^2}=$ _____。

（4）声速的不确定度：$U_v = U_r \cdot v = \underline{\qquad}$；

实验结果表示：$v \pm U_v = \underline{\qquad} \pm \underline{\qquad}$ ms^{-1}；

百分差：$\Delta v = |v_\lambda - v_t| = \underline{\qquad}$；$E_r = \dfrac{\Delta v}{v_t} \times 100\% = \underline{\qquad}$。

参照超声速的测量数据处理方案自拟数据表格处理可闻声速的测量实验数据。

【思考题】

（1）哪些因素会影响超声速测量的准确性？

（2）若固定发射器与接收器之间的距离，而通过改变信号频率以实现测量声速的目的，理论上行得通吗？

（3）用驻波法测量波长时，为什么不采取测波节节点位置以确定波长？

（4）可闻声速测量装置中的锥形吸音体有什么作用？

（5）用耳塞机作为接收器有何优点？还有更好的器件作为接收器吗？

（6）用相位比较法测可闻声速时，在改变信号发生器与接收器距离的过程中，示波器上显示的图形有时极大，有时极小，说明极大极小时气柱处于何种状态。

实验 5.3　液体黏滞因数的测定

流体黏滞系数又叫内摩擦因数或黏度，是描述流体内摩擦力性质的一个重要物理量，它表征流体反抗形变的能力，只有在流体内存在相对运动时才表现出来。它在工程技术、科学研究中是一重要物理参数。例如，机器的润滑、轮船潜艇的航行、导弹的飞行以及液体流动等都必须考虑流体的黏滞情况。所以，本实验对液体黏滞因数的测定给予学习及研究。

【实验目的】

（1）了解黏滞现象的规律及黏滞因数的测定方法。

（2）根据斯托克斯公式或泊肃叶公式设计实验方案测定液体的黏滞系数。

（3）学会基本仪器（读数显微镜、分析天平、深度尺等）的使用方法。

【实验提示】

（1）什么是黏滞阻力，其大小如何计算？

（2）斯托克斯公式研究的问题是什么？其含义是什么？

（3）什么是转动定理、平行轴定理？

（4）测定毛细管内径方法有哪些？

（5）研究流体的一般方法是什么？根据什么公式计算单位时间内流出液体的体积？如何修正该公式。

【实验仪器】

（1）长玻璃管、小球、停表、读数显微镜、游标卡尺、米尺、密度计、温度计。

(2) 转筒黏度计、秒表、蓖麻油(或甘油)、温度计、移液器、铅垂线。

(3) 毛细管黏度计、读数显微镜、物理天平、分析天平、纯净水银、水银温度计、烧杯、停表。

【实验报告】

(1) 写明本试验的目的、要求。

(2) 阐述本实验的基本原理、设计思路和研究过程。

(3) 记录实验步骤和各种实验现象。

(4) 根据实验内容以及实验结果的分析讨论,以专题实验研究论文的形式提交一篇小论文。

方 案 一　落 球 法

当小球在液体中下落时,它受到三个力的作用,向下的重力、向上的浮力和阻力,其中阻力是由于附着于小球表面上的一薄层液体相对于液体的其他部分运动时,使小球受到液体的黏滞阻力 f(或称为内摩擦力)。根据计算,如果小球是在无限宽广的液体中缓慢下落。则黏滞阻力为

$$F = 6\pi\eta v r \tag{5.33}$$

式(5.33)称为斯托克定律。式中 v 是小球的速度,r 是小球的半径,η 是液体的黏滞动力系数(简称黏滞系数或内摩擦系数),其单位是 Pa·s。

当质量为 m,体积为 V 的小球在密度为 ρ 的液体中下落时,作用在小球上的力有:重力 mg、液体对小球的浮力 $\rho g V$,以及内摩擦力 $6\pi\eta v r$。小球刚开始下落时速度很小,黏滞阻力也小,因而,小球向下做加速运动。但随着速度的增加,黏滞阻力也增加,当速度达到一定值时,作用在小球上的各力达到平衡,因此小球将做匀速运动。此时

$$mg = \rho V g + 6\pi\eta v r$$

此时的速度称为终极速度,由上式可得

$$\eta = \frac{(m - \rho V)g}{6\pi r v}$$

设小球的密度为 ρ_0,其体积为 $V = \frac{4}{3}\pi \cdot r^3$,则 $m = \frac{4}{3}\pi \cdot r^3 \cdot \rho_0$,代入上式得

$$\eta = \frac{2r^2}{9v}(\rho_0 - \rho)g \tag{5.34}$$

但在前面的推导中,小球要在无限宽广的液体中下落,实际上液体要装在容器中,不满足无限宽广的条件。此时实际测得的速度 v_0 与理想条件下的速度 v 之间关系如下

$$v = v_0\left(1 + 2.4\frac{r}{R}\right)\left(1 + 3.3\frac{r}{h}\right) \tag{5.35}$$

式中 R,h 分别是装液体圆筒的内半径和液体的深度。将式(5.35)代入式(5.34)可得

$$\eta = \frac{2r^2 \cdot (\rho_0 - \rho)g}{9v_0 \left(1 + 2.4\dfrac{r}{R}\right)\left(1 + 3.3\dfrac{r}{h}\right)} \qquad (5.36)$$

由于 $r \ll h$，所以式(5.36)可以简化为

$$\eta = \frac{2r^2 \cdot (\rho_0 - \rho)g}{9v_0 \left(1 + 2.4\dfrac{r}{R}\right)} \qquad (5.37)$$

实验时小球下落速度若较大，如果气温及油温较高，小球在液体中下落时，可能出现湍流的情况，使式(5.33)不再成立，此时要做另一个修正。为了判断是否出现湍流，可利用流体力学中一个重要参数雷诺数 $Re = \dfrac{2rv\rho}{\eta}$ 判断。当 Re 不很小时，式(5.33)应予修正，但在实际应用落球法时，小球的运动不会处于高雷诺数状态，一般 Re 值小于 10，故黏滞阻力 F 可近似用下式表示

$$F = 6\pi rv\eta\left(1 + \frac{3}{16}Re - \frac{19}{1080}Re^2\right)$$

则考虑此项修正后的黏度测得值 η_0 等于

$$\eta_0 = \eta\left(1 + \frac{3}{16}Re + \frac{19}{1080}Re^2\right)^{-1} \qquad (5.38)$$

实验时，可以先由式(5.37)求出近似值 η，用此 η 利用 $Re = \dfrac{2rv\rho}{\eta}$ 求出雷诺数 Re，最后由式(5.38)求出最佳值 η_0。

【实验装置】

实验所用的主要装置为图 5.9 中盛油的玻璃管。在管的上、下部各有一环线作为标记(即 l_1 和 l_2)，彼此间的距离为 l。小球在 l_1 至 l_2 间做匀速运动。长玻璃管量筒固定在附有三个水平调节螺旋的平台上。借助一铅垂线可调节玻璃管的铅直。

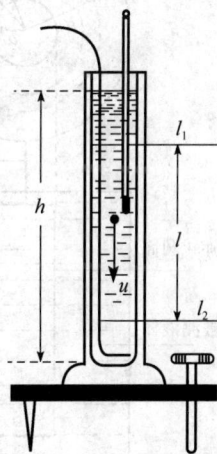

图 5.9　落球法实验装

方案二　旋　转　筒　法

在流体中，当两层流体之间有相对运动时，运动快的流层对运动慢的流层施以拉力，运动慢的流层对运动快的流层施以阻力。这种力称为内摩擦力，也称黏滞力。其值为

$$F = \eta S \frac{\mathrm{d}v}{\mathrm{d}n} \qquad (5.39)$$

式中 S 为流层之间的接触面积，$\dfrac{\mathrm{d}v}{\mathrm{d}n}$ 为流体沿法线方向的速度梯度，η 为流体的黏滞

系数。

如果流体置于两共轴圆筒间,假定内筒半径为 a,外筒半径为 b,外筒以恒定的角速度 ω 旋转,只要外筒的转速比较小,介于两圆筒间的流体将会很规则的一层层地转动。垂直于旋转轴的平面上的流线都是一些同心圆,如图 5.10 所示。r 层流体的流速为 v,则 r 层流体上所受到的黏滞力为

$$F = \eta S \cdot r \frac{d\omega}{dr} \tag{5.40}$$

相应的黏滞力矩为

$$M = F \times r = \eta S \cdot r^2 \frac{d\omega}{dr} \tag{5.41}$$

由面积 $S = 2\pi \cdot r \cdot l$ 代入式(5.41),可得

$$M = 2\pi\eta \cdot l \cdot r^3 \frac{d\omega}{dr} \tag{5.42}$$

其中 l 为液体高度。

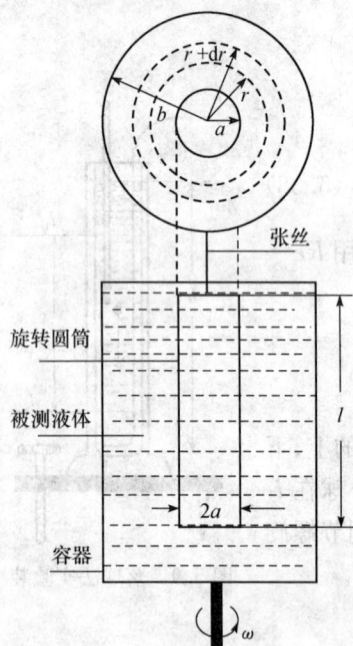

图 5.10　旋转筒法原理图

为测定黏滞力矩 M,把内圆筒悬挂在张丝上,如图 5.10 所示。当内圆柱受到黏滞力矩而偏转时,就会引起其上面的张丝的扭转,张丝扭转所产生的恢复力矩也作用在内圆柱上,恢复力矩的方向和黏滞力矩相反,恢复力矩的大小为

$$M' = D\theta \tag{5.43}$$

D 为张丝的扭转系数,θ 为圆柱的偏转角。在黏滞力矩和恢复力矩相平衡的条件下,内圆柱就停止转动,此时液体的流动呈稳定状态。

在考虑液体流动稳定的情况下,式(5.41)应变为

$$M = \frac{4\pi\eta la^2 b^2 \omega}{b^2 - a^2} \tag{5.44}$$

又恢复力矩和黏滞力矩相平衡,即

$$D\theta = \frac{4\pi\eta la^2 b^2 \omega}{b^2 - a^2} \tag{5.45}$$

进一步考虑作用在内圆柱两端面上的黏滞力矩 M'',式(5.43)应表示为

$$D\theta = \frac{4\pi\eta la^2 b^2 \omega}{b^2 - a^2} + M'' \tag{5.46}$$

为消除端面力矩 M''，实验中采用两个半径相同、长度分别为 l_1 和 l_2 的圆柱，做两次实验，在两次实验中必须使端面力矩 M'' 保持不变。设第一次实验

$$D\theta_1 = \frac{4\pi\eta l a^2 b^2 \omega}{b^2 - a^2} + M'' \tag{5.47}$$

第二次实验

$$D\theta_2 = \frac{4\pi\eta l a^2 b^2 \omega}{b^2 - a^2} + M'' \tag{5.48}$$

两式相减，消去端面力矩 M''，移项整理后得

$$\eta = \frac{(b^2 - a^2)(\theta_1 - \theta_2)D}{4\pi a^2 b^2 (l_1 - l_2)\omega} \tag{5.49}$$

又 $\omega = \dfrac{2\pi}{T_0}$，代入式(5.49)($T_0$ 为外转筒的转动周期)，得

$$\eta = \frac{(b^2 - a^2)(\theta_1 - \theta_2)DT_0}{8\pi^2 a^2 b^2 (l_1 - l_2)} \tag{5.50}$$

在式(5.50)中，$\dfrac{b^2 - a^2}{a^2 b^2 (l_1 - l_2)}$ 项是只决定于圆柱半径 a、外转筒半径 b、内圆柱高度 l_1，l_2，因而此项是常数项。称为仪器常数。令

$$C = \frac{b^2 - a^2}{a^2 b^2 (l_1 - l_2)} \tag{5.51}$$

式(5.50)可以写成

$$\eta = C \frac{(\theta_1 - \theta_2)DT_0}{8\pi^2} \tag{5.52}$$

实验时采用此式来计算液体的黏滞系数。

【实验装置】

本实验的仪器装置如图 5.11 所示。1 为深度游标卡尺，用于指示内圆柱在外圆筒中的深度。固定在一个三维可调的调节架 2 上。3 为零点调节器，转动它可以使小凹面镜反射在标尺上的光斑移动到标尺上的零点。7 为内圆柱，内圆柱有两只。它们的半径为 a，长度分别为 l_1，l_2，实验时与接头 6 相连接。6 与张丝 4 胶合，张丝 4 用夹片固定在 1 上，用于产生扭转力矩。小凹面镜 5 粘合在张丝上，用来指示内圆柱在转筒中的位置。转筒 8 直接与同步电机 10 耦合。9 为同轴调节平台。11 为平台。调节螺丝 12 可使平台水平。13 为弧形标尺，其曲率半径为 $R = 25.0\text{cm}$。14 为聚光器，用灯丝变压器输出给聚光器中小电珠供电。

用于测张丝周期的标准圆环如图 5.12 所示。标准圆环是一个扁平的圆环，其内径 $r_1 = a$，其外径为 r_2。同轴指示器如图 5.13 所示，其上端外径等于内圆柱直径 $2a$，其下端外径等于转筒内直径 $2b$。

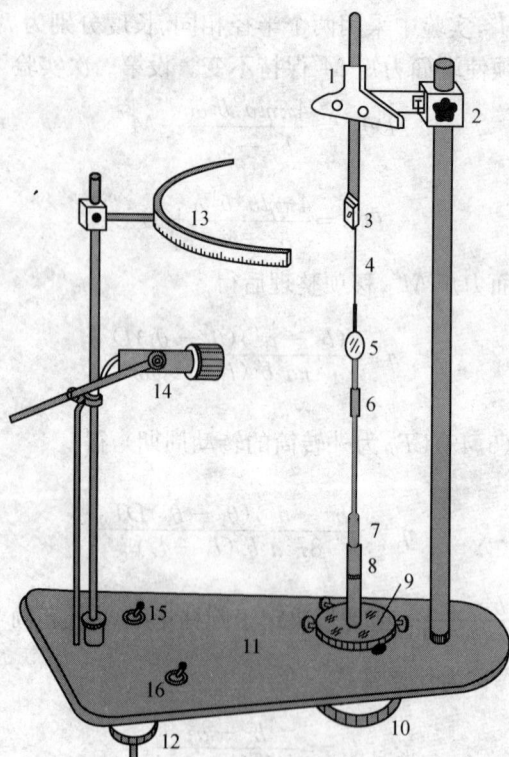

图 5.11　转筒实验装置

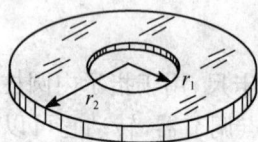

图 5.12　标准圆

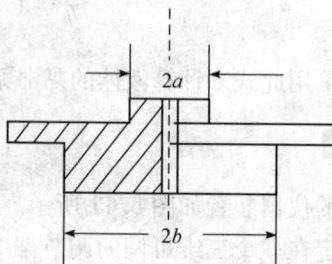

图 5.13　同轴指示

方案三　毛细管法

流体运动时,各层流体的流速不同。流速快的一层给慢的一层以动力,使之加速;而流速慢的一层给快的一层阻力,使之减速。这一对力称为"内摩擦力"或"黏滞力"。

实验证明,黏滞力 f 正比于流层之间的接触面积 S,与垂直于该接触面的速度梯度 $\dfrac{\mathrm{d}v}{\mathrm{d}z}$ 成正比(图 5.14),其公式为

$$f = \eta S \frac{\mathrm{d}v}{\mathrm{d}z} \tag{5.53}$$

比例系数 η 称为黏滞系数,它由液体的性质和温度所决定,并且随着温度的升高而变小。本实验方法是让水从毛细管中流过,通过测定水的流量,由泊肃叶公式求出水的黏滞系数。

对于黏滞系数小的液体,这种实验方法简单可行。可以证明,黏滞系数为 η 的流体在内径均匀的毛细管内做层流运动时,在 t 秒内流过的流体体积 V 为

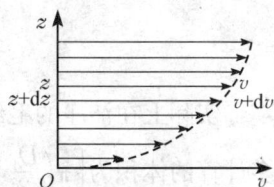

图 5.14　流速梯度

$$V = \frac{\pi R^4}{8L\eta}(p_1 - p_2)t = \frac{\pi D^4 (p_1 - p_2)}{128L\eta} \cdot t \tag{5.54}$$

式中 D、L、$p_1 - p_2$ 分别为毛细管的直径(半径 R)、长度和两端的压力差。此式称为泊肃叶公式。将式(5.54)改写为黏滞系数的计算公式,即

$$\eta = \frac{\pi D^4 (p_1 - p_2)}{128LV} \cdot t \tag{5.55}$$

在推导泊肃叶公式时,是认为毛细管两端的压强差 $p_1 - p_2$ 和黏性阻力相互抵消,实际上忽略了流体在毛细管中流动的动能也是由于压强差的作用才获得的。因此克服黏性阻力的有效压强差比 $p_1 - p_2$ 要小一些。理论分析(阅读附录)表明,有效压强差 Δp 和实际压强差之间的关系是

$\Delta p = p_1 - p_2 - \dfrac{\rho V^2}{\pi^2 R^4 t^2}$,其中 ρ 为流体的密度,而泊肃叶公式中 $p_1 - p_2$ 应为有效压强差,所以式(5.55)应改写为

$$\eta = \frac{\pi D^4 t}{128LV} \left(p_1 - p_2 - \frac{16\rho V^2}{\pi^2 D^4 t^2} \right) \tag{5.56}$$

实际测量时,式(5.56)应有所改变。

(1) 压强差 $p_1 - p_2$ 应该为液体柱压强计的液柱的高度差 $h_1 - h_2$(图5.15),即 $p_1 - p_2 = \rho g(h_1 - h_2)$,实验中压强计中的液体和被测液体是同种液体,密度相同。

(2) 如果多次测量,不可能使每次流体流出的时间 t 都相同,因而每次 V 也不同,但每次单位时间内流出的体积 $\dfrac{V}{t}$ 是相同的,又因体积难以测量准确,改为测量流出流体的质量,如果单位时间流出流体的质量为 Q,则 $\dfrac{Q}{\rho} = \dfrac{V}{t}$,考虑到这些变动后将式(5.56)改写成

$$\eta = \frac{\pi D^4 \rho}{128LQ} \left(\rho g(h_1 - h_2) - \frac{16Q^2}{\rho \pi^2 D^4} \right) \tag{5.57}$$

为了测量毛细管的直径 D,可以将毛细管洗好并干燥后,吸入一段纯净水银,用读数显微镜(阅读长度测量实验)测量水银柱的长度 l(测量水银柱两端凸出部分的间距),然后将水银倒入烧杯中(空烧杯的质量为 m_0),用分析天平测出烧杯和水银的总质量 m,将水银柱作为圆柱考虑,则 $\dfrac{1}{4}\pi D_1^2 l \rho_{Hg} = m - m_0$,由此可得毛细管直径

$$D_1 = 2\sqrt{\frac{m - m_0}{\pi \rho_{Hg} l}} \tag{5.58}$$

实际上在洁净的毛细管中的水银其两端是半球形,所以上述对水银体积的计算偏大,多计算的体积为$\left[\pi\left(\dfrac{D_1}{2}\right)^2 \times \dfrac{D_1}{2} - \dfrac{1}{12}\pi D_1^3\right] \times 2 = \dfrac{1}{12}\pi D_1^3$,考虑体积修正之后可得

$$\frac{1}{4}\pi D_1^2 l\rho_{Hg} - \frac{1}{12}\pi D_1^3 \rho_{Hg} = m - m_0$$

则毛细管直径为

$$D = 2\sqrt{\frac{m - m_0 + \dfrac{1}{12}\pi D_1^3 \rho_{Hg}}{\pi \cdot l\rho_{Hg}}} \tag{5.59}$$

式中 D_1 为用式(5.58)求出的直径近似值,在计算修正时完全可以用 D_1 代替 D。

【**实验装置**】(图 5.15)

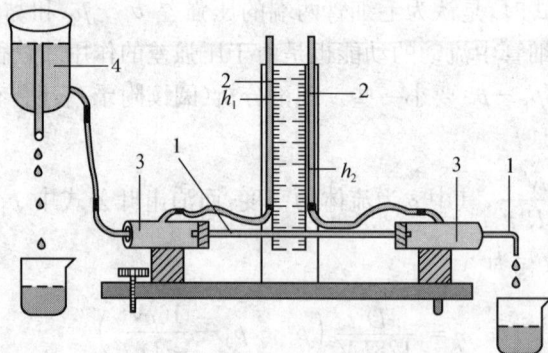

图 5.15　毛细管法实验装置图
1. 毛细管;2. 压强计;3. 储水器;4. 恒水位槽

【**实验内容**】

1. 落球法的内容与步骤

(1) 将小球用有机溶剂(乙醚和酒精的混合液)清洗干净,并用滤纸吸干残液。从玻璃管内取少许油涂在小球上,备用。

(2) 以铅垂线为基准,调节底盘的三个螺钉使油管保持铅直。将一颗小球沿玻璃管的中轴线投下,观察小球下落过程中是否与玻璃管壁平行。

(3) 用温度计测量油温,在全部小球下落完后再测量一次油温,取其平均值作为实际油温。

(4) 用读数显微镜测量小球的直径 d(读数显微镜使用方法请阅读实验之长度测量),小球的密度由实验室给出或查表得;用镊子夹住小球,将其放入玻璃管中的油面下,让小球沿着油柱的中轴线下落;用电子秒表测量小球经过距离 l 所需的时间 t。如此重复多次。

（5）用游标卡尺测出玻璃管的内径 $R=\dfrac{D}{2}$（游标卡尺使用方法请阅读实验之长度测量）；用米尺测出小球的下落距离 l 及油柱深度 h。

（6）用密度计测量油的密度（为了避免因油浸润玻璃而产生读数误差，应从油面下方读数）。

2. 旋转筒法的内容与步骤

（1）调节水平调节螺丝 12 使平台水平。

（2）用铅垂线调节转筒和深度游标卡尺的铅直，把同轴指示器的下端放入转筒，调节深度游标卡尺使内圆柱恰巧与指示器上端相碰，调节同轴调节平台 9 使指示器上端与内圆柱吻合，见图 5.16，此时内圆柱和转筒同轴。

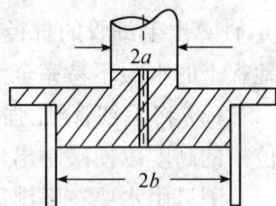

（3）把待测量液体蓖麻油加入转筒。调深度游标卡尺以确定内圆柱在转筒中的位置。实验要求两内圆柱在转筒中完全被液体所浸没，它们的上底距离液面为 1cm，下底距筒底为 1cm。

图 5.16　同轴指示器

（4）调节标尺使其曲率中心正好在张丝的轴线上，通过聚光器使光斑在标尺上成像最清晰。

调零点调节器，把光斑移动到标尺的零点，启动马达，记录光斑在平衡位置的读数。光斑从零点到平衡位置在标尺上所扫过的弧长为 S_1，故偏转角用弧长表示时，$\theta=\dfrac{1}{2}\cdot\dfrac{S}{R}$。实验中分别测出两圆柱所偏转的角度 $\theta_1=\dfrac{1}{2}\cdot\dfrac{S_1}{R}$；$\theta_2=\dfrac{1}{2}\cdot\dfrac{S_2}{R}$，$R$ 为标尺的曲率半径。

（5）测出转筒中蓖麻油的温度。

（6）测出马达（转筒）的转动周期 T_0。

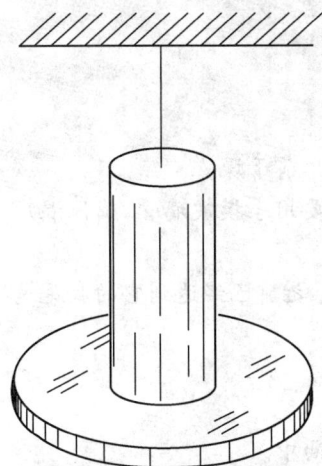

（7）测定张丝的扭转系数 D。先在张丝下端固定柱体 1（或 2），使其做扭摆运动，测出振动周期 T_1。

$$T_1=2\pi\sqrt{\dfrac{I_1}{d}} \tag{5.60}$$

I_1 包括圆柱体、对接接头和小凹面镜的转动惯量。然后在圆柱下端加上标准圆环（图 5.17），使其做扭摆运动，测出振动周期 T_2。

$$T_2=2\pi\sqrt{\dfrac{I_1+I_0}{D}} \tag{5.61}$$

由式（5.60）和（5.61）两式消去 I_1，可得

图 5.17　测张丝的扭转系

$$D=\dfrac{4\pi^2 I_0}{T_2^2-T_1^2} \tag{5.62}$$

式中 $I_0=\dfrac{1}{2}m(r_1^2+r_2^2)$，$m$ 为圆环的质量，r_1,r_2 分别为圆环的内外半径。

(8) 计算 η，把所得的结果与附录中所列标准值进行比较。

3. 毛细管法的内容与步骤

(1) 将纯净水银吸入毛细管中(用少许脱脂棉塞上)，将毛细管平放在读数显微镜的载物台上，使水银柱和读数显微镜的移动方向一致，测出水银柱两端的位置，注意防止读数显微镜的回程误差。改变水银柱在毛细管中的位置，重复进行几次测量。从各次测量求出水银柱长度的平均值 l。

(2) 用分析天平称出小烧杯的质量 m_0 之后，将毛细管中水银慢慢倾入其中再测质量 m，计算出毛细管的直径 D。注意水银是有毒的，使用时要特别注意不要将其弄撒，撒在地板上的水银不易完全清除，而水银蒸发得很慢，将使实验室长期遭受汞蒸气污染！

(3) 将毛细管、压强计和恒水位槽如图 5.15 连接好，毛细管要保持水平。调节恒水位槽的高度以便限制出口流量，使毛细管两端压强差大于 20cm 水柱高。

测量用水要在煮沸后放凉使用，以减少水中空气气泡，并且放水前要将储水器、压强计、毛细管中的气泡全部赶出。

(4) 用物理天平称衡在时间 t 间流出水的质量，并算出 Q 值。重复放水 4 次，取 Q 的平均值(t 取多大要在试测一次后确定)。测量时要经常注意恒水位槽的溢流管是否有水流出，压强计的水位是否稳定，每次测 Q 值时都要同时读出压强计水位 h_1 和 h_2 以及水温。

水的黏度随水温的改变而有明显变化。在常温下测量，水温改变 $0.1℃$ 时，黏度的差异就将显现出来，因此对 Q 值的测量要敏捷，不要拖长时间，以防水温改变的影响过大。流出口上可挂一条细棉线，使水沿线流下，以免水滴累积过大。

(5) 计算出在温度 T(去测量 Q 前后的平均值)时水的黏度及测量的标准不确定度。

注意事项

1. 落球法实验中应注意

(1) 玻璃管竖直放置，使小球沿玻璃管的中心轴线下降。

(2) 实验时应确保油静止，油中无气泡，小球无油污，且使用前干燥。

(3) 油的黏滞系数随温度的变化显著。因此，在实验中不要用手摸玻璃管，确保温度基本不变。

(4) 选定 l_1 和 l_2 的位置可以任意，但应保证小球在通过 l_1 之前已经达到它的收尾速度，即已经匀速。

2. 旋转筒法实验中应注意

(1) 外转筒和内圆柱必须保持清洁，不能让异物落入蓖麻油中。

(2) 为了避免在测量过程中油温的升高，在光斑到达平衡位置后，应迅速读数，并随即关闭马达。在测量完成后，应马上测量油温。

（3）扭转系数与张丝的长度有关，张丝的长度最好选择以长内圆柱偏转光斑在标尺上偏转弧长为 30cm 左右为宜。

【数据处理】

1. 落球法数据处理方案（表 5.6）

小球密度　$\rho_0 =$ ＿＿＿＿＿＿ kg/m³；　玻璃管内径　$R =$ ＿＿＿＿＿＿ m；

液体的密度　$\rho =$ ＿＿＿＿＿＿ kg/m³；　油温　$t_0 =$ ＿＿＿＿＿＿ ℃；

$l_1 =$ ＿＿＿＿＿＿ m；　$l_2 =$ ＿＿＿＿＿＿ m；　$l = l - l_2 =$ ＿＿＿＿＿＿ m；

表 5.6　记录数据

次　数	1	2	3	4	5	
d/mm						$\bar{d}$
Δd						
Δd^2						$\sum \Delta d^2$
t/s						$\bar{t}$
Δt						
Δt^2						$\sum \Delta t^2$

$$\eta = \frac{(\rho_0 - \rho) g \bar{d}^2 \bar{t}}{18 l \left(1 + 2.4 \dfrac{\bar{d}}{D}\right)} = \underline{\hspace{2cm}} \ \text{Pa} \cdot \text{s};$$

$$U_{\bar{d}} = \sqrt{\frac{\sum \Delta d^2}{n(n-1)}} = \underline{\hspace{2cm}} ; U_{\bar{t}} = \sqrt{\frac{\sum \Delta t^2}{n(n-1)}} = \underline{\hspace{2cm}} ;$$

$$U_r = \sqrt{\left(\frac{U_{\bar{t}}}{\bar{t}}\right)^2 + \left(2 \frac{U_{\bar{d}}}{\bar{d}}\right)^2} = \underline{\hspace{2cm}} ; U_{\bar{\eta}} = U_r \cdot \bar{\eta} = \underline{\hspace{2cm}} \ \text{Pa} \cdot \text{s};$$

实验结果表示：$\eta = \bar{\eta} \pm U_{\bar{\eta}} = \underline{\hspace{2cm}} \pm \underline{\hspace{2cm}} \ \text{Pa} \cdot \text{s};$

相对不确定度：　$U_r = \underline{\hspace{2cm}} \%$。

2. 旋转筒法数据处理方案（表 5.7）

主要测量值的参考数据为 $l_1 = 4.00\text{cm}, l_2 = 2.00\text{cm}, a = 0.300\text{cm}, b = 0.500\text{cm}, r_1 = 0.300\text{cm}, r_2 = 1.00\text{cm}, R = 25.00\text{cm}$，再根据标准环的质量 m 可以计算出 D。

$D = \underline{\hspace{2cm}}$ g/cm²。

表 5.7　数据记录

次数 ＼ 测量值	S_1/cm	S_2/cm	T_2/s	T_1/s	T_2/s
1					
2					
3					
4					
平均值					

3. 毛细管法数据处理方案(表5.8和表5.9)

表5.8　毛细管直径测量数据表

毛细管直径的测量:毛细管的长度 $L=$_____ cm

毛细管位置		1	2	3	4	水银柱长 $\bar{l}$/mm
水银柱位置	l_1/mm					
	l_2/mm					
$l=\|l_1-l_2\|$/mm						

水银质量 $m-m_0=$_____ mg;毛细管直径 $D_1=2\sqrt{\dfrac{m-m_0}{\pi\rho_{Hg}\bar{l}}}=$_____ mm;

修正后毛细管直径 $D=2\sqrt{\dfrac{m-m_0+\dfrac{1}{12}\pi D_1^3\rho_{Hg}}{\pi\bar{l}\rho_{Hg}}}=$_____ mm;

$U_D=$_____;结果表示:$D\pm U_D=$_____ mm。

表5.9　物理量记录:毛细管法数据表

项目 \ 次数		1	2	3	4
温度/℃	测前				
	测后				
放水质量/g					
时间 t/s					
$Q/(g\cdot s^{-1})$					
h_1-h_2/cm					
$\eta\times10^{-4}$/Pa·s					
$\bar{\eta}\times10^{-4}$/Pa·s					

$U_r=$_____;$U_{\bar{\eta}}=U_r\cdot\bar{\eta}=$_____ Pa·s;

实验结果表示: $\eta=\bar{\eta}\pm U_{\eta}=$_____ ± _____ Pa·s;

相对不确定度: $U_r=$_____%。

【思考题】

1. 落球法中

(1) 实验中,你是如何判断小球已进入匀速运动状态的?请你设计用实验方法测定其达到匀速运动状态。

(2) 如果遇到待测液体的 η 较小、小球直径又较大,这时应采用哪个公式计算?

(3) 如果投入的小球偏离了中心轴线,将会出现什么影响?

(4) 设计如何利用光电门和数字毫秒计测量液体的黏度,应注意什么问题?

2. 旋转筒法中

(1) 为什么要保证黏度计的仪器轴垂直?当把圆柱放入转筒时,如何保证二者共轴?

（2）先用长圆柱测量有什么好处？

（3）如何测量扭摆周期？怎样减少测量误差？

（4）总结本实验的光杠杆原理与测杨氏模量的光杠杆原理的异同。

（5）分析比较用黏度计测得的黏滞系数与用落球法测的结果。

3. 毛细管法中

（1）怎样判断毛细管中的水流是层流？压强差增大到一定数值后，将由层流转变为湍流，这在实验中将有怎样的表现？

（2）$\eta = \dfrac{\pi D^4 t}{128 L V}\left(p_1 - p_2 - \dfrac{16\rho V^2}{\pi^2 D^4 t^2}\right)$ 式中的修正项在什么情况下可以忽略？

实验 5.4　电位差计测电阻

用电位差计测电阻，设备简单，操作方便，能达到 5×10^{-6} 甚至更高的精度。因此，学习用电位差计测量电阻很有必要。

【实验目的】

（1）熟悉箱式电位差计的使用。

（2）了解用电位差计测电阻的原理。

（3）掌握用电位差计测电阻的方法。

【实验提示】

（1）电位差计是测量什么物理量的？它能直接测量电阻吗？

（2）为什么要求测量的电压不高于电位差计的测量范围？大了会有什么影响？

【实验仪器】

箱式电位差计、低压电源、滑动变阻器、未知电阻（电阻箱代替）、标准电阻、毫安表、开关、导线。

【实验原理】

如果将两个电阻 R_1 和 R_2 串联接入回路，当适当的电流 I 流经这两个电阻时，分别将 R_1、R_2 的两端接入电位差计的未知接线柱，测出 R_1、R_2 两端的电位差（电压）为 V_1 和 V_2。假如测这两个电位差时电流 I 相同，那么有：

$$I = \frac{V_1}{R_1} = \frac{V_2}{R_2} \tag{5.63}$$

式（5.63）可以化简为

$$\frac{R_1}{R_2} = \frac{V_1}{V_2} \tag{5.64}$$

这样,只要 R_1、R_2 中有一个电阻已知,就可测出另一个电阻的阻值。如果 R_1 为待测电阻 R_x,R_2 为标准已知电阻 R_N,在流经 R_x、R_N 的电流 I 相同的情况测得 R_x、R_N 两端的电位差分别为 U_x、U_N,则有

$$R_x = \frac{U_x}{U_N} R_N \tag{5.65}$$

其相对误差为

$$E = \frac{\Delta R_x}{R_x} \times 100\% \tag{5.66}$$

【实验内容】

(1) 选定 R_N 为某一值,测出流经 R_x、R_N 的电流 I 为 6 个不同值的电位差 U_x、U_N 用表列出所有测量数据。

(2) 计算出 R_x 的平均值及其相对误差,写出实验结果。

(3) 改变 R_N 为另一值,再测出电流 I 为 6 个不同值时的 U_x 和 U_N,并计算出实验结果(R_x 的平均值和误差)(图 5.18)。

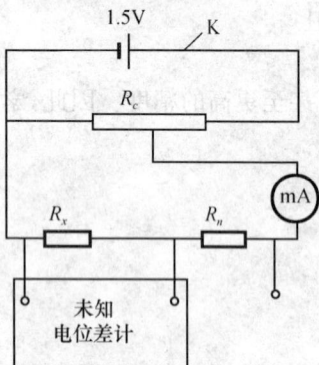

图 5.18　电位差测电阻电路图
(也可将 R_c 接成制流电路)

注意事项

(1) 测量前应先对电位差计进行校准。

(2) 选择适当电流 I,使得测量电压低于电位差计的最大量值。

(3) 测量前,先估计待测电位差的大小,将电位差计的倍率开关及读数盘拨到相应的数值后才能接通开关。

(4) 调整(加减)测量值时一定要断开开关,以免损坏检流计。

【实验报告】

(1) 根据原理提示确定实验电路,画出电路图。

(2) 根据实验内容列出相应的数据表格,填写实验记录。

(3) 写出待测电阻的实验平均值以及相对误差。

(4) 简单分析实验过程以及存在的问题。

实验 5.5　电位差计校正电表

电位差计是最常用的电工仪器之一,其工作原理基于补偿法。在测量时由于补偿回路中电流为零,即不从被测电路中取得电流,故不改变被测电路的工作状态(当然不是绝对的,检流计灵敏度越高,电流越接近于零)。电位差计不仅可以用来测定电源的电动势,而且还可以作为校准电流表或电压表的标准仪器,若配上热电偶,则可以进行温度的测量。

【实验目的】

（1）练习简单测量电路的设计和测量条件的选择。

（2）加深对补偿法测量原理的理解和运用，学习用电位差计校准电表的方法。

（3）学会用校正曲线确定被校表的级别。

【实验提示】

（1）在校准电表时，为什么需要调节电压（或电流）从大到小，再从小到大校准一遍？如果两者结果完全一致，说明了什么问题？不一致，又说明了什么问题？

（2）在校准电表时，必须先调节电位差计的工作电流，使它达到标准后才能进行测量，这是为什么？

【实验仪器】

箱式电位差计、直流稳压电源、滑动变阻器、标准电阻（若干）、电阻箱（若干）、待校电压表、待校电流表、开关、导线等。

【实验原理】

1. 分压器与分压比

由于电位差计的测量范围很小，超过量程的电压就无法测量了。若配上分压器，则可使测量范围扩大，使用分压器后就可以把被测量的大电压分压到适于电位差计测量的范围内。

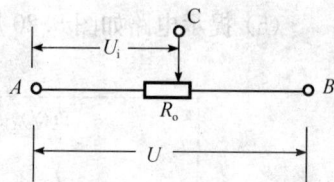

图 5.19 分压器

分压器实际上是由精度很高的电阻组成的。如图 5.19 所示。A,B 为电压输入端，A,C 为输出端。分压器总阻值为 $R+R_0$。

由串联电路特点可知

$$\frac{U_i}{U} = \frac{R_1}{R_1 + R_2} \tag{5.67}$$

如果取

$$\frac{R_1}{R_1 + R_2} = \frac{1}{m} \tag{5.68}$$

则式（5.68）可以写成

$$U_i = \frac{1}{m}U \tag{5.69}$$

式中 $\frac{1}{m}$ 称为分压比。

2. 电表精度级别

电表级别由 $E = \frac{\Delta U_m}{U} \times 100\%$ 或 $\left(\frac{\Delta I_m}{I} \times 100\%\right)$ 确定，$\Delta U_m(\Delta I_m)$ 为最大差值，是 n 个

测量值中差值最大的一个。U、I 是被校表量程。最后由 E 的大小定出电表的级别,据国标(GB)规定,电表的精度级别分为 0.1、0.2、0.5、1.0、1.5、2.5 和 5.0 共 7 级。例如,$0.5\% < E \leqslant 1.0\%$,则电表级别为 1.0 级;$1.0\% < E \leqslant 1.5\%$,则为 1.5 级,依此类推。

【实验内容】

(1) 校准量程为 3V 的电压表(也可根据实验室中的电表自行选择校准量程)。

① 令稳压电源在 0～3V 间做连续可调输出,设计校准电压表的控制电路。

② 根据电位差计和待校表的量程,选取适当的分压比和分压器总阻值。

③ 做 $\Delta U \sim U$ 校准曲线(ΔU 为校准值与电压表示值之差)。

(2) 校准量程为 3mA 的电流表(校准量程也可自选)。

① 令稳压电源固定输出 3V,设计校准电流表的控制电路。

② 要求控制电路的电流调节范围为 0.5～3mA,选取适当的标准电阻和变阻器阻值。

③ 作 $\Delta I \sim I$ 校准曲线(ΔI 为校准值与电流表示值之差)。

(3) 对电压表和电流表进行校正时要求选取 10～15 个测量点逐一校正,做出校正曲线。

(4) 分别对待校电压表和待校电流表的精度做出评价。

(5) 提示电路如图 5.20 所示。

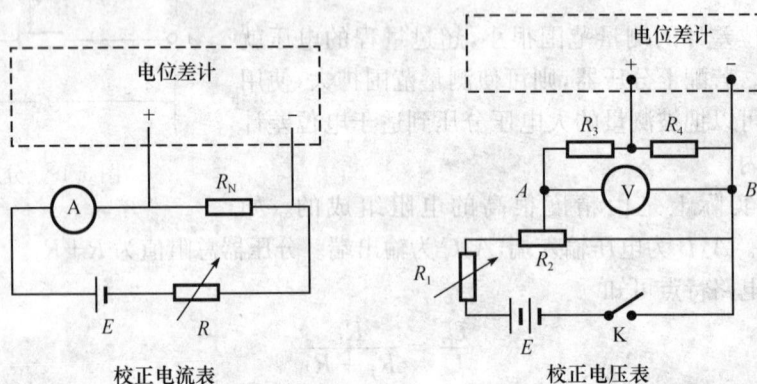

图 5.20   提示电路

注意事项

(1) 确保电位差计在电路中的正确接法。

(2) 测量前对电位差计进行工作电流校准。

(3) 测量中电流电压值不能超过电表的最大范围及各仪器的额定值。

【实验报告】

(1) 记录主要仪器的型号、级别。按实验内容和要求中所列项目,设计好测量电路,拟好具体实验程序,列出数据记录表格。

（2）校正曲线要求两点之间以直线段相连。

实验 5.6 RC 串联电路的暂态过程

电阻 R 和电容 C 是电子电路中的基本元件，RC 电路的充放电过程，在电子技术中的应用相当广泛。研究 RC 电路的充放电规律有多种方法，本实验用冲击电流计测绘其充放电过程曲线，并用示波器观察方波作用于电路时的充放电过程。

【实验目的】

（1）设计研究 RC 串联电路充放电规律的线路图。

（2）拟定实验方法测量 RC 电路充放电时的 U_c-t 曲线。

（3）测量 RC 串联电路的半衰期，并根据已知的电阻值计算电路中的电容 C 的电容值。

（4）用示波器观察 RC 电路的暂态过程。

【实验提示】

（1）能否用冲击电流计测量未知电容器的电容值？ 如能，试画出测量电容值的电路图，并导出计算电容的公式。

（2）将一周期为 T 的方波加至 RC 电路上，欲使电阻上的电压波形仍为方波，电路参数应如何选取？

【实验仪器】

各种不同电阻、电容的 RC 电路板、PZ92 型数字电压表（内阻为 10MΩ）、直流稳压电源、示波器、滑线变阻器、秒表、电键等。

【实验原理】

1. RC 串联电路的充电过程

如图 5.21 所示，在 RC 串联电路中，当开关 K 拨向 1 时，电源通过电阻 R 向电容 C 充电，此时电容器两端电压满足关系

$$U_C(t) = E(1 - e^{-t/RC}) \qquad (5.70)$$

此时表明 $U_C(t)$ 按指数规律上升，上升的快慢取决于参量 RC。令 $\tau = RC$，称为时间常数，它的大小表示暂态过程的快慢。

2. RC 串联电路的放电过程

当电路稳定时，把开关 K 拨向 2，此时电容 C 通

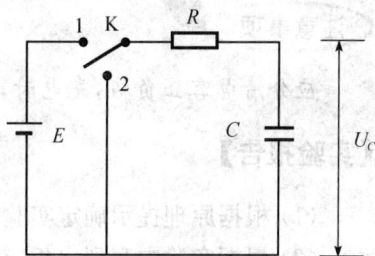

图 5.21 RC 串联电路

过 R 放电。放电过程中电容器两端电压满足关系

$$U_C(t) = E \cdot e^{-t/RC} \tag{5.71}$$

此时表明 $U_C(t)$ 按指数规律下降。

3. 半衰期

半衰期是反映暂态过程快慢的又一个参量,即在放电过程中 $U_C(t)$ 下降到初始值的一半时所需的时间,由式(5.71)可导出半衰期

$$T_{1/2} = \tau \ln 2$$

【实验内容】

(1) 测定电容的充电曲线。

(2) 测定电容的放电曲线。

(3) 用示波器观察方波作用下 RC 电路上的波形(图 5.22)。

按图接好电路,将示波器调整至正常状态。将方波电压加至 RC 电路上,将示波器 Y 轴输入线接至电容两端,观察此时电容两端电压波形的变化。再将 Y 轴输入线改接至 R 两端,可观察 R 上的电压波形,也就是 RC 回路电流波形。

利用改变 R 阻值来改变 RC 电路的时间常数 τ,观察不同 τ 值时电容中电压波形的变化。

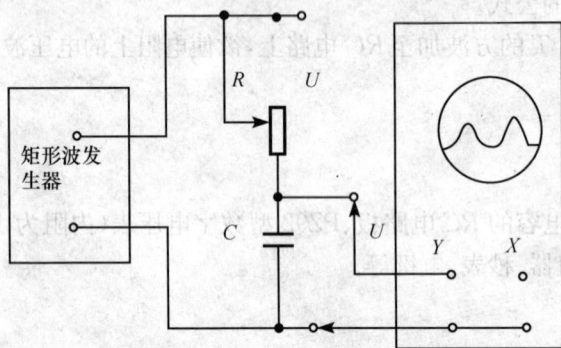

图 5.22　用示波器观察 RC 充放电电路

注意事项

应分清电容正负极,充电时,不能将电源正负极接反,不能超过其耐压范围。

【实验报告】

(1) 根据原理提示确定实验电路,画出电路图。

(2) 根据实验内容列出相应的数据表格,填写记录。

(3) 绘出电容充放电曲线图。

(4) 测出半衰期并计算出电容值。

（5）简单描绘示波器观察 *RC* 电路方波作用下的波形。

实验 5.7　烛灭水升现象的深入研究

【实验目的】

当发现一种新的实验现象时,不同的人会从不同的理论基础和不同的经验基础出发,往往也会有不同的理解和解释。究竟哪个解释是对的?这一方面可以从理论上进行辩论,而更重要、更有说服力的则是设计其他实验进行验证。这种情况在科学发展史上屡见不鲜,在现今科学研究中也经常发生。本实验提出了蜡烛火焰熄灭后水面升高的现象,要求学生认真观察这一现象,提出自己的解释,并设计实验来验证这种解释。

【实验提示】

（1）如图 5.23 所示,把一支点燃的蜡烛放入盛水的器皿内,用另一只烧杯罩在蜡烛上当蜡烛火焰熄灭后,会看到烧杯内水面升高的现象吗?

（2）如果罩在点燃的蜡烛上的烧杯大小不同,对实验现象是否有影响?盛水器皿内水的多少,对实验现象是否有影响?点燃一支蜡烛或多支蜡烛,对实验现象是否有影响?

（3）水面升高的原因是什么?这种现象是化学变化还是物理变化所产生的?

（4）如何用实验来证明你的观点?

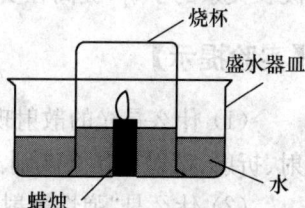

图 5.23　火灭水升现象示意图

【实验仪器】

低盛水器皿一只、不同大小的烧杯、不同大小的量筒、不同大小的玻璃瓶、蜡烛若干支、火柴与水等。

【实验内容】

（1）如图 5.23 所示,将一支蜡烛放在盛水器皿里,点燃蜡烛后,用一只烧杯罩在点燃的蜡烛上,当蜡烛火焰熄灭时,观察现象。

（2）解释这种实验现象,并设计一个实验来证明你的观点。

（设计提示:如果是化学变化产生了这一现象,那么在烧杯不变的情况下,不同数量的蜡烛,水升高的高度应该是一样的。）

（3）换用不同大小的烧杯、量筒、玻璃瓶,分别点燃不同数量的蜡烛,仔细观察整个实验的全过程,注意要从蜡烛刚被罩上那一时刻就开始仔细的观察,记录下全部实验现象,找出用不同的烧杯、量筒、玻璃瓶时的不同现象和用不同数量的蜡烛时的现象的差别,并解析之。

【实验报告】

（1）阐明实验的目的和意义。

（2）简要介绍本实验涉及的基本原理。

（3）对实验过程做详细记录。

（4）写清本实验的设计思路、设计过程和实验结果。

（5）记录制作过程中遇到的问题及解决的办法。

（6）谈谈本实验的收获与体会。

实验 5.8　红药水的妙用——光散射的研究

【实验目的】

光的散射十分常见,但其原理却很复杂。世界上一切物体都会散射光,包括空气在内,天空的蓝色和朝阳的红色正是空气分子散射所形成的。本实验要求学生在了解光散射原理的基础上,对红药水的奇妙散射现象进行分析与研究,从而加深对光的分子散射与波长关系的了解,提高在实践中发现问题、分析问题和研究问题的能力。

【实验提示】

（1）什么是光的散射现象？什么是"表面散射"？什么是"体内散射"？它与光的反射、折射、衍射有什么区别？你能举出日常生活中所见的各类散射现象吗？

（2）什么是"弹性散射"？什么是"非弹性散射"？它们的主要区别是什么？它们的散射光波长与入射光波长的关系怎样？

（3）什么是"瑞利散射"？什么是"廷德尔散射"？它们同属于哪一类散射？它们的主要区别是什么？它们的散射光强度与入射光波长的关系怎样？

（4）你能用光的散射原理解释蓝天、白云和红太阳的颜色吗？

（5）光的散射有什么应用？请举例说明。

（6）什么是红药水？它有什么光学特点？

【实验仪器】

（1）红药水 1 瓶。

（2）大烧杯 1 只,滴管 1 支。

（3）实验室常用光源。

（4）黑纸 1 卷,剪刀 1 把。

（5）普通投影仪 1 台。

（6）其他实验室常用元器件。

【实验内容】

（1）把少许几滴红药水慢慢滴入一大烧杯的水中,仔细观察红药水液滴溶于水时颜色是如何变化的。分析并解释这种变化的原因。

（2）将上述滴有红药的水搅拌后,把盛该溶液的烧杯放在眼前,对着灯光或阳光观察,你看到的溶液是什么颜色?把烧杯周围用黑纸包裹起来,只露出一条 3~5mm 的缝(或小孔),从缝(或孔)向内看,该溶液是什么颜色?两次看到的颜色相同吗?为什么?分析不同的原因。试验不同浓度的红药水,找出颜色变化最为明显的红药水浓度。

（3）根据上述观察到的现象,设计一个小魔术;令观众感到烧杯中的水因为你的"魔法"而突然改变颜色。

（4）设计一个演示实验,让一个大教室的学生清楚而同时看到红色和绿色的红药水。

（5）寻找你可能用来做实验的各种常见液体,通过实验看看它们有没有与红药水类似的光学性质,得出你的结论。

【实验报告】(1) 写明实验的目的和意义。

（2）对实验过程做详细记录。

（3）记下实验中发现的问题及其解决方法。

（4）对实验结果作简要描述。

（5）记录你所设计的魔术表演方法及在同学中表演的实际效果。

（6）记录你所设计的演示实验及在同学中演示的实际效果。

（7）谈谈本实验的收获、体会和改进意见。

实验 5.9　望远镜的组装

【实验目的】

望远镜和显微镜是常用的助视光学仪器。显微镜主要用来帮助人们观察近处的微小物体,望远镜则主要是帮助人们观察远处的目标。它们在天文学、电子学、生物学和医学等领域中都起着十分重要的作用。为适应不同用途和性能的要求,显微镜和望远镜的种类很多,构造也各有差异,但是它们的基本光学系统都由一个物镜和一个目镜组成。本实验要求学生通过透镜焦距的测量,挑选出两块薄透镜组装成最简单的望远镜和显微镜,以熟悉它们的构造及其放大原理,学会望远镜、显微镜放大率的测量,并掌握其调节使用,同时通过本实验掌握光学系统的共轴调节方法。

【实验提示】

（1）人眼可看成一个成像系统(图 5.24)。所不同的是,人眼的透镜(眼珠)在睫状肌作用下,其焦距可变,而透镜到像屏(即视网膜)之间的距离不变。为了把远、近物体都能成像在视网膜上,睫状肌应如何调节?它对眼珠这个透镜做怎样的相应变化?

（2）什么是人眼的近点?什么是人眼的远点?有什么方法可以测出眼睛的近点有多远?

（3）通过哪些方法可测定透镜的焦距?试比较这些方法的优缺点。

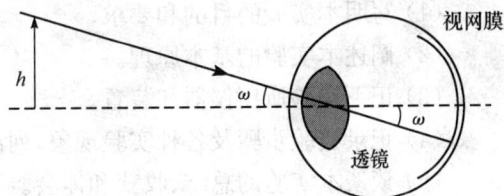

图 5.24　人眼成像系统示意图

（4）放大镜是一种最简单的助视光学系统,请画出它的光路图,并讨论它的放大率。

（5）如何将各元件调成等高同光轴?

（6）组装望远镜时如何选择物镜和目镜?

（7）如何测定望远镜的放大率?

（8）是否能用物镜框作为物测出望远镜的视角放大率?

（9）评价天文望远镜时,一般不讲它是多少倍的,而是说物镜口径多大,你能说明为什么吗?

（10）开普勒望远镜和伽利略望远镜的区别在什么地方? 分别画出它们的光路图。

【实验仪器】

光具座 1 台、透镜若干、光源、箭孔屏、平面镜、米尺及透明标尺等。

【实验内容】

1. 望远镜的组装

（1）测出所给透镜的焦距,挑出准备组装望远镜和显微镜时要用的物镜和目镜,记下所测得的焦距。再挑选一块焦距约为 20cm 的透镜备用。

（2）将光源、透明标尺、已知焦距为 20cm 的透镜 L、物镜、目镜依次置于光具座导轨上,将各元件调成同光轴。

（3）使透明标尺位于已测焦距透镜 L 的焦平面上以形成一无穷远处的发光物体。

（4）移动物镜,眼睛贴近目镜观察,使在目镜中能看到清晰的标尺像。记下物镜和目镜的位置。

（5）在物镜后放置像屏,左右移动像屏,使像最清晰(可以拿起目镜),记下所成像位置、大小和倒正。

（6）按实测的物镜、目镜位置及中间实像位置,按一定比例画出所组装望远镜成像光路图。

（7）根据实际测得的物镜和目镜的焦距画出光路图,标出系统放大率并与上面结果进行比较。

2. 测定望远镜的放大率,将测得结果与理论值进行比较

【实验报告】

（1）写明本实验的目的和要求。

（2）阐述本实验的基本原理。

（3）记下实验所用仪器和装置。

（4）记录实验步骤及各种实验现象,列出数据表格,根据要求做出光路图。

（5）谈谈本实验的总结、收获和体会。

（6）对教学工作提出意见和建议。

附　录

附录1　正态分布与标准偏差

一、正态分布

在相同的条件下,对同一物理量 x 进行重复多次测量,测量结果的值总是在其真值 μ 的附近,越靠近 μ,出现的概率越大,一般服从正态分布(即高斯分布),其形状如附图1所示。图中的纵坐标 $\varphi(x)$ 称为概率密度函数,其值为

$$\varphi(x) = \frac{1}{\sigma\sqrt{2\pi}}e^{-(x-\mu)^2/2\sigma^2}, x < \infty$$

(附1)

式中,σ 为曲线拐点处横坐标与 μ 值之差的绝对值,称为正态分布的标准偏差。附图1称为正态概率分布曲线。对于一确定的测量数列,如果已知 μ 和 σ 的值,由式(附1)可计算出实验观测值 x 落在任意区间 (a,b) 内的概率为

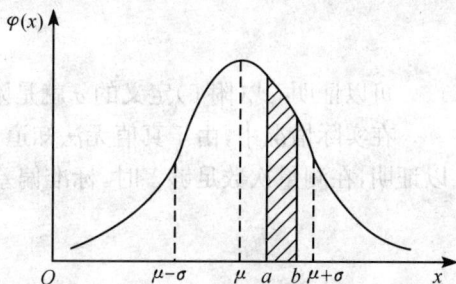

附图1　正态概率分布曲线

$$P(a < x < b) = \int_a^b \varphi(x)\mathrm{d}x = \frac{1}{\sigma\sqrt{2\pi}}\int_a^b e^{-(x-\mu)^2/2\sigma^2}\mathrm{d}x \qquad (\text{附}2)$$

式中,$P(a<x<b)$ 的值可由直线 $x=a$ 及 $x=b$ 和横坐标、曲线 $\varphi(x)$ 所包围的面积得到(附图1阴影区)。由定积分可知:x 落在区间 $(\mu-\sigma,\mu+\sigma)$ 内的概率为 68.3%;x 落在区间 $(\mu-2\sigma,\mu+2\sigma)$ 内的概率为 95.4%;x 落在区间 $(\mu-3\sigma,\mu+3\sigma)$ 内的概率是 99.7%。从附图1上可知,正态分布的概率密度分布曲线具有下列属性:

(1) 单峰性,即测量值与真值之差的绝对值小的出现的概率比绝对值大的出现概率要大。

(2) 对称性,即概率密度分布以真值为中心,与真值之差绝对值相等的测量值出现概率相等。

二、标准偏差

设实验已消除了系统因素引起的影响,在同一条件下若对某量 x 进行 n 次等精度且独立的测量,得到测量值的算术平均值为

$$\bar{x} = (x_1 + x_2 + \cdots + x_n)/n \qquad (\text{附}3)$$

其中,每个测量值 x_i 与真值之差为

$$\delta_i = x_i - \mu \qquad (\text{附}4)$$

将各测量值的 δ_i 值相加,并除以 n,得

$$\sum \delta_i/n = \left(\sum x_i/n\right) - \mu = \bar{x} - \mu \qquad \text{(附 5)}$$

根据正态分布概率密度分布的对称性,当 $n \to \infty$ 时,$\sum \dfrac{\delta_i}{n} \to 0$,即 $\bar{x} \to \mu$,所以,算术平均值是真值 μ 的最佳估计值。

测量值 x_i 与该测量数列的算术平均值 $\bar{x}$ 之间的偏差 $\nu_i = x_i - \bar{x}$ 称"残差"。由于各残差的平均值 $\dfrac{\sum \nu_i}{n} = \dfrac{\sum (x_i - \bar{x})}{n} = 0$,所以各残差的平均值不能反映测量值与真值之差的大小,为此需引进"标准偏差"。标准偏差也称"均方根偏差",其定义为

$$\sigma = \lim_{n \to \infty} \sqrt{\frac{\sum\limits_{i=1}^{n} \delta_i^2}{n}} \qquad \text{(附 6)}$$

可以证明,式(附 6)定义的 σ 就是附图 1 曲线中的拐点,式(附 6)称为贝塞尔公式。

在实际情况中,由于真值无法知道,且测量次数有限,一般用残差 ν_i 代替 δ_i。并且可以证明,在测量次数足够多时,标准偏差的估计值为

$$\sigma = \lim_{n \to \infty} \sqrt{\frac{\sum\limits_{i=1}^{n} (x_i - \bar{x})^2}{n-1}} \qquad \text{(附 7)}$$

式(附 7)称为标准偏差估计值的贝塞尔公式。

附录 2 t 因子

t 因子的值在置信概率 P 及测量次数 n 确定后,可以从专门的数学表中查到。对 $P = 0.683$,不同的测量次数 n 对应的 t 因子的值如附表 1 所示。

附表 1　$P = 0.638$ 时,不同测量次数下 t 因子的值

测量次数 n	2	3	4	5	6	7	8	9	10	20	30	40	∞
$t_{0.683}$	1.84	1.32	1.20	1.14	1.11	1.09	1.08	1.07	1.06	1.03	1.02	1.01	1.00

附录 3　物理量的单位

附表 2　国际单位制的基本单位

量的名称	单位名称	单位符号	定 义
长度	米	m	光在真空中 1/299792458s 内经过的距离
质量	千克	kg	等于国际千克原器的质量
时间	秒	s	铯 133 原子基态的两个超精细能级之间跃迁所对应的辐射的 9192631770 个周期的持续时间

续表

量的名称	单位名称	单位符号	定 义
电流	安[培]	A	如果处于真空中,相距1米的两根无限长且圆截面可以忽略的平行直导线内,通过其中的电流使两导线之间产生的力在每米长度上等于2×10^{-10}N的话,此时电流为1A
热力学温度	开[尔文]	K	开尔文是水的三相点的热力学温度的1/273.6
物质的量	摩[尔]	mol	摩尔是一系统的物质的量,该系统中所包含的基本单位元数与0.012kg ^{12}C的原子数相同
发光强度	坎[德拉]	cd	坎德拉是频率为540×10^{12}Hz的单色辐射在给定方向上的发光强度,且在此方向上的辐射强度为1/683W每球面度

附表3 国际单位制的辅助单位

量的名称	单位名称	单位符号	定 义
平面角	弧度	rad	弧度是一圆内两条半径之间的平面角,这两条半径在圆周上截取的弧长与半径相等
立体角	球面度	sr	如果一个立体角顶点位于球心,在球面上截取的面积等于以球半径为边长的正方形面积时,即为一球面度

附表4 国际单位制中的一些导出单位

量的名称	单位名称	单位符号	用基本单位表示的表示式
频率	赫[兹]	Hz	/s
力	牛[顿]	N	$m \cdot kg/s^2$
压强	帕[斯卡]	Pa	N/m^2
能、功、热量	焦[耳]	J	$N \cdot m$
功率	瓦[特]	W	J/s
电量	库[仑]	C	$A \cdot s$
电压、电势	伏[特]	V	W/A
电容	法[拉]	F	C/A
电阻	欧[姆]	Ω	V/A
磁感应强度	特[斯拉]	T	$N/CA \cdot m$
电感	亨[利]	H	Wb/A
光通量	流[明]	lm	$cd \cdot sr$
光照度	勒[克斯]	lx	lm/m^2

附表5 与国际单位制并用的一些单位

量的名称	单位名称	单位符号	与国际单位制的关系
时间	分	min	1min=60s
	小时	h	1h=3600s
	日	d	1d=24h=86400s
平面角	度	°	$1°=(\pi/180)rad$
	[角]分	′	$1'=(1/60)°=(\pi/10800)rad$
	[角]秒	″	$1''=(1/60)'=(\pi/648000)rad$
长度	公里	km	1km=1000m
能量	电子伏特	ev	$1ev=1.602177\times10^{-19}$J
热量	焦耳	J	$W \cdot s$

附表 6　国际单位制中使用的词头

因　数	词头名		符　号	因　数	词头名		符　号
	原文	中文			原文	中文	
10^{18}	exa	艾〔可萨〕	E	10^{-3}	milli	毫	m
10^{15}	peta	拍〔它〕	P	10^{-6}	micro	微	μ
10^{12}	tera	太〔拉〕	T	10^{-9}	nano	纳〔诺〕	n
10^{9}	giga	吉〔咖〕	G	10^{-12}	pico	皮〔可〕	p
10^{6}	mega	兆	M	10^{-15}	femto	飞〔母托〕	f
10^{3}	kilo	千	K	10^{-18}	atto	阿〔托〕	a

附录 4　常用仪器的主要技术要求和最大允差

附表 7　常用仪器的主要技术要求和最大允差

量具(仪器)	量　程	最小分度值	最大允差
木尺(竹尺)	30～50cm 60～100cm	1mm 1mm	±1.0mm ±1.5mm
钢板尺	150mm 500mm 1000mm	1mm 1mm 1mm	±0.10mm ±0.15mm ±0.20mm
钢卷尺	1m 2m	1mm 1mm	±0.8mm ±1.2mm
游标卡尺	125mm 300mm	0.02mm 0.05mm	±0.02mm ±0.05mm
螺旋测微器(千分尺)	0～25mm	0.01mm	±0.004mm
七级天平(物理天平)	500g	0.05g	0.08g(接近满量程) 0.06g($\frac{1}{2}$量程附近) 0.04g($\frac{1}{3}$量程和以下)
三级天平(分析天平)	200g	0.1mg	1.3mg(接近满量程) 1.0mg($\frac{1}{2}$量程附近) 0.7mg($\frac{1}{3}$量程和以下)
普通温度计(水银或有机溶剂)	0～100℃	1℃	±1℃
精密温度计(水银)	0～100℃	0.1℃	±0.2℃

一般而言,有刻度的仪器、量具的最大允差大约对应于其最小分度值所代表的物理量。对于数字式仪表,测量值的误差往往在于所显示的能稳定不变的数字中最末一位的半个单位所代表的物理量。应当说明,"最大允差"是指所制造的同型号同规格的所有仪器中有可能产生的最大误差,并不表明每一台仪器的每个测量值都有如此之大的误差。它既包括仪器在设计、加工、装配过程中乃至材料选择中的缺欠所造成的系统误差,也包括正常使用过程中测量环境和仪器性能随机涨落的影响。

附录 5　分光计刻度盘中心与游标盘中心不同轴的系统误差及消除

分光计的读数系统是由刻度盘和游标盘组成的,刻度盘和游标盘套在分光计的中心轴上,可以绕中心轴旋转。由于加工技术及精度所限,刻度盘中心与游标盘中心不能严格重合,从而使刻度盘中心与游标盘中心有一定的偏离,从而导致了偏心差的产生。

为了消除分光计的偏心差,便在分光计的游标盘的直径两端设置了两个游标。使用时根据游标原理读出两组数据,然后将这两组数据取平均值,即可消除偏心差。

如附图 2 所示,在无偏心时,游标盘的中心 O_A 与刻度盘的中心 O 重合,并设转角为 φ_A,转动半径为 R,其刻度盘上初、末位置的两组相应的读数点分别为 φ_{A_1} , φ'_{A_1} 和 φ_{A_2} , φ'_{A_2};当有偏心时,游标盘的中心 O_B 与刻度盘的中心 O(或 O_A)不重合(它们之间的距离就是偏心差),并设转角为 φ_B,但转动半径不确定,其刻度盘上初、末位置的两组相应的读数分别为 φ_{B_1} , φ'_{B_1} 和 φ_{B_2} , φ'_{B_2}。应当注意,φ_{A_1} 和 φ_{B_1} 不在同一读数点上,即 $O_A\varphi_{A_1}$ 与 $O_B\varphi_{B_1}$ 是平行的,其他相应的读数点也是如此。实际上,附图 2 中的 φ_A 与 φ_B 应是相等的,但由于偏心最终导致这两个角度读数值的不同。

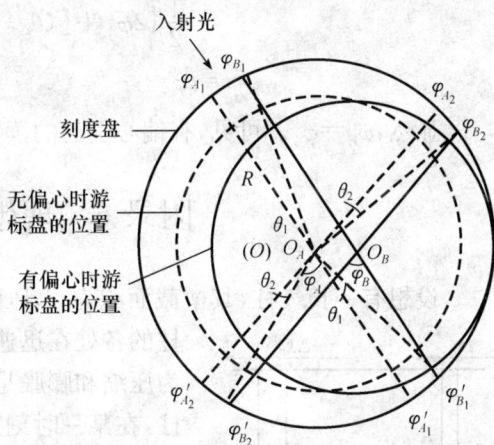

附图 2　分光计偏心差的产生示意图

在附图 2 中,作辅助线 $O_A\varphi_{B_1}$,$O_A\varphi'_{B_1}$ 和 $O_A\varphi_{B_2}$,$O_A\varphi'_{B_2}$(均为半径 R),并设 $\varphi_{B_1}-\varphi_{A_1}=\varphi'_{A_1}-\varphi'_{B_1}=\theta_1$,$\varphi_{B_2}-\varphi_{A_2}=\varphi'_{A_2}-\varphi'_{B_2}=\theta_2$。这里的 θ_1 和 θ_2 分别是由于偏心在初、末位置所引起的读数误差,通常情况下两者不相等。下面通过具体的计算,刻度盘分别绕 O_A 和 O_B 转动时,刻度盘两端读数的平均值是不是相等,就知道偏心差是否被消除掉了。

1. 绕 O_A 转动时(无偏心)

$\varphi_{A_2}-\varphi_{A_1}=\varphi'_{A_2}-\varphi'_{A_1}=\varphi_A$,则平均值为

$$\bar{\varphi}_A = \frac{1}{2}\left[(\varphi_{A_2}-\varphi_{A_1})+(\varphi'_{A_2}-\varphi'_{A_1})\right]=\varphi_A$$

可见,如果没有偏心,两端的值相等,也就没有必要设置两个游标,只设置一个就行了。

2. 绕 O_B 转动时(有偏心)

从附图 2 知,$\varphi_{B_1}=\varphi_{A_1}+\theta_1$, $\varphi_{B_2}=\varphi_{A_2}+\theta_2$;$\varphi'_{B_1}=\varphi'_{A_1}-\theta_1$, $\varphi'_{B_2}=\varphi'_{A_2}-\theta_2$。

假如只设置其中一个游标,其角度值为

$$\varphi_B = \varphi_{B_2} - \varphi_{B_1} = (\varphi_{A_2} + \theta_2) - (\varphi_{A_1} + \theta_1) = (\varphi_{A_2} - \varphi_{A_1}) + (\theta_2 - \theta_1) = \varphi_A + (\theta_2 - \theta_1) \text{ 或者}$$

$$\varphi_B = \varphi'_{B_2} - \varphi'_{B_1} = \varphi_A - (\theta_2 - \theta_1)。$$

以上两式中 φ_B 均不等于 φ_A 且互不相等(除非 $\theta_1 = \theta_2$,但这是不可预设的),可见只设置一个游标是不行的。如果设置两个游标,则将以上两式取平均得

$$\bar{\varphi}_B = \frac{1}{2} \{ [\varphi_{B_2} - \varphi_{B_1}] + [\varphi'_{B_2} - \varphi'_{B_1}] \}$$

$$= \frac{1}{2} \{ [\varphi_A + (\theta_2 - \theta_1)] + [\varphi_A - (\theta_2 - \theta_1)] \}$$

$$= \frac{1}{2} \{ 2\varphi_A + [(\theta_2 - \theta_1) - (\theta_2 - \theta_1)] \}$$

$$= \varphi_A。$$

显然,$\bar{\varphi}_B = \varphi_A$。可见,有偏心引起的读数误差经过平均计算后确实被消除了。

附录 6　理想气体中的声速

设想有一长气柱,其横截面积为 S,压强为 p,密度为 ρ。当声波在气体中传播时,气柱的各处在迅速交替出现压缩和膨胀,由于变化很快,可以认为压缩和膨胀是绝热过程。现考虑位于 y 到 $y + \Delta y$ 一小段气柱,在某一时刻 t,由于传播的声波使 y 面移动一位移 x,另一面 $y + \Delta y$ 的位移为 $x + \Delta x$(附图 3)。此时小气柱两侧的压强变为 $p(y)$ 和 $p(y + \Delta y)$,压力变为 $S \cdot p(y)$ 和 $S \cdot p(y + \Delta y)$。于是,作用在小气柱上的净压力 F 为两侧压力之差,即 $S[p(y) - p(y + \Delta y)]$。又因为压强差等于压强变化之差 $[p(y) - p] - [p(y + \Delta y) - p]$,设压强变化分别为 $\delta p(y)$ 和 $\delta p(y + \Delta y)$,根据牛顿第二定律,则

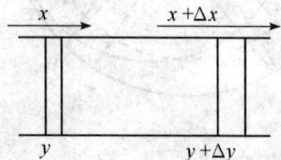

附图 3　气柱位移

$$S[\delta p(y) - \delta p(y + \Delta y)] = \rho S \Delta y \frac{\mathrm{d}^2 x}{\mathrm{d} t^2} \tag{附 8}$$

式中 $\rho S \Delta y$ 为小气段的质量,由于 Δy 很小,所以

$$\delta p(y) - \delta p(y + \Delta y) = -\left[\frac{\mathrm{d}}{\mathrm{d} y}(\delta p) \right] \Delta y$$

将此式代入式(附 8)可得

$$\frac{\mathrm{d}}{\mathrm{d} y}(\delta p) = -\rho \frac{\mathrm{d}^2 x}{\mathrm{d} t^2} \tag{附 9}$$

根据绝热过程,已知 $\dfrac{\delta p}{p} = -\gamma \dfrac{\delta V}{V}$,

其中 γ 为空气的比热容比。在此 $\delta V = S \Delta x$,$V = S \Delta y$ 代入上式可得

$$\delta p = -\gamma p \frac{\Delta x}{\Delta y},$$

当 $\Delta x, \Delta y$ 甚小时,上式可以写成 $\delta p = -\gamma p \dfrac{\mathrm{d}x}{\mathrm{d}y}$,将此式代入式(附9)可得

$$-\gamma p \frac{\mathrm{d}^2 x}{\mathrm{d}y^2} = -\rho \frac{\mathrm{d}^2 x}{\mathrm{d}t^2}$$

即
$$\frac{\mathrm{d}^2 x}{\mathrm{d}t^2} = \frac{\gamma \cdot p}{\rho} \cdot \frac{\mathrm{d}^2 x}{\mathrm{d}y^2} \tag{附 10}$$

此即在压强为 p、密度为 ρ、比热容比为 γ 的理想气体中,沿 y 方向传播声波的波动方程,而声速 v 的平方等于 $v^2 = \dfrac{\gamma \cdot p}{\rho}$,所以 $v = \sqrt{\dfrac{\gamma \cdot p}{\rho}}$,将理想气体的状态方程 $p = \dfrac{1}{\mu} \rho R T$ 代入此式得到

$$v = \sqrt{\frac{\gamma R T}{\mu}} = \sqrt{\frac{\gamma \cdot k \cdot T}{m}}$$

附录 7　压电换能器(传感器)——超声波的发射与接收

超声波的发射与接收都需要用换能器,换能器的作用是将其他形式的能量转换成超声波的能量(发射换能器)或将超声波的能量转换为其他可以检测的能量(接收换能器)。最常使用的是压电换能器、压电晶体或压电陶瓷。这类压电材料受到应力会在材料内产生电场,称为压电效应,压电换能器接收超声波信号使之转换为电信号,从而将机械能转换为电能,就是利用压电效应的原理。当超声波频率与系统固有(共振)频率一致时电信号量强。压电材料还具有逆压电效应,在交变电场的作用下会产生周期性的压缩和伸长,当外加电场的频率和压电体固有频率相同时振幅最大。发射换能器利用逆压电效应就可以将电能转换成超声振动能,在周围媒质中激发超声波。

实验中可以采用压电陶瓷超声换能器来实现声压和电压之间的转换。压电换能器做波源具有平面性、单色性好以及方向性强的特点。同时,由于频率在超声范围内,一般的音频对它没有干扰。频率提高,波长 λ 就短,在不长的距离中可测到许多个波长 λ,取其平均值,波长 λ 的测定就比较准确。这些都可使实验的测量精度大大提高。

压电陶瓷超声换能器由压电陶瓷片和轻、重两种金属组成。压电陶瓷片(如钛酸钡、锆钛酸铅等)是由一种多晶结构的压电材料做成的,在一定的温度下经极化处理后,具有压电效应。在简单情况下,压电材料受到与极化方向一致的应力 T 时,在极化方向上产生一定的电场强度 E,它们之间有一简单的线性关系 $E = gT$;反之,当与极化方向一致的外加电压 U 加在压电材料上时,材料的伸缩形变 S 与电压 U 也有线性关系 $S = dU$。g 为比例常数,d 为压电常数,与材料性质有关。由于 E, T, S, U 之间具有简单的线性关系,因此我们就可以将正弦交流电信号转变成压电材料纵向长度的伸缩,成为声波的波源,同样也可以使声压变化转变为电压的变化,用来接收声信号。

在压电陶瓷片的头尾两端胶粘两块金属,组成夹心型振子。头部用轻金属做成喇叭型,尾部用重金属做成锥型或柱型,中部为压电陶瓷圆环,紧固螺钉穿过环中心。这种结构增大了辐射面积,增强了振子与介质的耦合作用,由于振子是以纵向长度的伸缩直接影

响头部轻金属作同样的纵向长度伸缩(对尾部重金属作用小),这样所发射的波方向性强,平面性好。

附录 8　蓖麻油在不同温度下的黏滞系数

附表 8　蓖麻油在不同温度下的黏滞系数

温度/℃	5	10	15	20
黏滞系数/(Pa·s)	37.60	24.20	15.14	9.50
温度/℃	25	30	35	40
黏滞系数/(Pa·s)	6.21	4.51	3.12	2.31

附录 9　泊肃叶公式的推导

设毛细管直径为 D(半径 R),长度为 L,管的两端压强差为 p_1-p_2,当液体是稳定流动时,流速如附图 4 所示。在管壁处,由于流层附着在管壁上,所以其流速为零。又因其流层之间存在着内摩擦力,层层相互牵制,所以愈接近管中心的流层其流速就愈大。

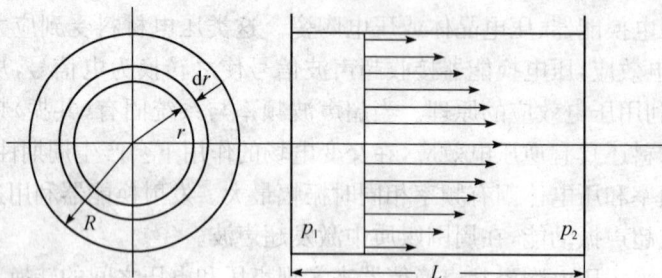

附图 4　液体流速图

如附图 4,由半径 r 和 $r+dr$ 所围成的液体的体元,设 r 处流速为 v,$r+dr$ 处流速为 $v+dv$,按式 $(F=6\pi\eta v r)$ 该体积元内侧的流体沿运动方向受力 $f+df$ 的作用,对于选定的体积元,将在沿运动方向上受到两个力之差 $-df$ 的作用

$$f-(f+df)=-df \tag{附11}$$

而

$$f=\eta S \frac{dv}{dr}=\eta 2\pi \cdot rL \frac{dv}{dr} \tag{附12}$$

由上式微分得

$$-df=\eta 2\pi \cdot rL \frac{d}{dr}\left(\frac{rdv}{dr}\right)dr \tag{附13}$$

当假定毛细管内液体是稳恒流动的情况下,则距毛细管和中心轴等远点处各点的速度 v 是相同的,那么式(附 13)中,df 必然和体积元两侧的压力差相平衡,即

$$\eta 2\pi \cdot rL \frac{d}{dr}\left(\frac{rdv}{dr}\right)dr=-(p_1-p_2)2\pi \cdot rdr \tag{附14}$$

对式(附 14)积分,且当 $r=0$ 时,用 $\dfrac{\mathrm{d}v}{\mathrm{d}r}=0$ 代入可得

$$\frac{\mathrm{d}v}{\mathrm{d}r}=-\frac{(p_1-p_2)}{2L\eta}\cdot r \tag{附 15}$$

对式(附 15)积分,由 $r=\dfrac{D}{2}$ 时 $v=0$ 的条件可得

$$v=\frac{(p_1-p_2)}{4L\eta}(R^2-r^2) \tag{附 16}$$

式(附 16)是在毛细管横截面上速度分配的表达式。利用式(附 16)很容易算出 t 时间内流出毛细管的液体的体积 V

$$V=\int_0^{\frac{D}{2}}v t 2\pi\cdot r\mathrm{d}r=\frac{\pi D^4(p_1-p_2)}{128L\eta}\cdot t \tag{附 17}$$

式(附 17)即泊肃叶公式。由此很容易得 $\eta=\dfrac{\pi R^4}{8LV}(p_1-p_2)t$。

附录 10　泊肃叶公式的修正

在 Δt 时间内,在压强差 p_1-p_2 作用下,将体积 $V=\dfrac{Q}{\rho}\Delta t$ 的液体压入毛细管中,压强差作的功为 $(p_1-p_2)\dfrac{Q}{\rho}\Delta t$。在管毛细的入口处液体获得的动能,一直保持到从管的出口流出去。对于半径为 r 厚度为 $\mathrm{d}r$ 的管层每秒流入的液体体积为 $v2\pi\cdot r\mathrm{d}r$,它具有的动能是 $\dfrac{1}{2}\rho v2\pi\cdot r\mathrm{d}r\cdot v^2$,参照式(附 16)可知

$$v=\frac{\Delta\rho}{4L\eta}(R^2-r^2)$$

其中 Δp 为与液体黏性阻力相平衡的有效压强差。单位时间内从毛细管中流出的液体的总动能为

$$E_k=\int_0^R\pi\rho v^3 r\mathrm{d}r=\pi\rho\Big(\frac{\Delta p}{4L\eta}\Big)^3\int_0^R(R^2-r^2)^3 r\mathrm{d}r=\pi\rho\Big(\frac{\Delta p}{4L\eta}\Big)^3\frac{R^8}{8} \tag{附 18}$$

由式(附 18)可得 $Q=\dfrac{\rho\pi R^4\Delta p}{8L\eta}$,所以

$$E_k=\frac{Q^3}{\pi^2 R^2\rho^2} \tag{附 19}$$

实际压强差每秒所做之功 $(p_1-p_2)\dfrac{Q}{\rho}$ 等于克服黏性阻力所作之功 $\Delta p\dfrac{Q}{\rho}$ 和每秒内流出液体所带走的动能 E_k 之和,即

$$(p_1-p_2)\frac{Q}{\rho}=\Delta p\frac{Q}{\rho}+\frac{Q^3}{\pi^2 R^4\rho^2}$$

或者表示为

$$\Delta p = p_1 - p_2 - \frac{Q^2}{\pi^2 R^4 \rho} \qquad (附 20)$$

因此,泊肃叶公式在考虑流出液体带走的动能后应修改成为

$$Q = \frac{\pi R^4 \rho}{8L\eta}\left(p_1 - p_2 - \frac{Q^2}{\pi^2 R^4 \rho}\right) \qquad (附 21)$$

或

$$\eta = \frac{\pi D^4 \rho}{128LQ}\left(\rho g(h_1 - h_2) - \frac{16Q^2}{\rho \pi^2 D^4}\right) \qquad (附 22)$$

附录 11　红药水的妙用参考内容

1. 实验前预备知识

(1) 什么是光的散射现象? 什么是"表面散射"? 什么是"体内散射"? 它与光的反射、折射、衍射有什么区别? 你能举出日常生活中所见的各类散射现象吗?

答:光束在媒质中传播时,部分光线偏离光束原方向而分散传播的现象称为光的散射;光束在同一媒质中传播时,因媒质的非均匀(有密度起伏)或非纯净(有杂质),部分光线偏离原方向而分散传播的现象称为体内散射;光束在两媒质界面上反射和折射时,因表面非光滑(有高度起伏),部分光线偏离反射角方向和折射角方向而分散传播的现象称为表面散射。

光束在均匀而纯净的媒质中传播时,部分光线偏离直线传播方向的现象是衍射。一般来说,衍射光的方向是有规律的,可预期的;散射光的方向是杂乱的。

光束入射到两媒质的光滑界面上时,部分光束返回原入射媒质的现象是反射。一般来说,反射光的方向满足反射定律;散射光的方向是杂乱的。

光束入射到两媒质的光滑界面上时,部分光束进入另一媒质而发生偏折的现象是折射。一般来说,折射光的方向满足折射定律;散射光的方向是杂乱的。

日常生活中我们之所以能看见桌子、书本等各种物体,大都是由于它们的表面散射;白色的牛奶、蓝色的天空等,则都是体内散射所致。

(2) 什么是"弹性散射"? 什么是"非弹性散射"? 它们的主要区别是什么? 它们的散射光波长与入射光波长的关系怎样?

答:"弹性散射"与"非弹性散射"的主要区别是散射时光子能量是否与其他能量发生交换:不交换的是弹性散射,有交换的是非弹性散射。弹性散射过程中,散射光的波长与入射光的波长相同;非弹性散射过程中,有些散射光的波长与入射光的波长不同。

(3) 什么是"瑞利散射"? 什么是"廷德尔散射"? 它们同属于哪一类散射? 它们的主要区别是什么? 它们的散射光强度与入射光波长的关系怎样?

答:"瑞利散射"是小颗粒散射(如空气分子的散射)、"廷德尔散射"是大颗粒散射(如灰尘的散射、云雾中小水滴的散射等),它们同属于弹性散射。"廷德尔散射"的散射光强度与入射光波长无关;"瑞利散射"的散射光强与入射光波长的 4 次方成反比。

(4) 光的散射有什么应用? 请举例说明。

答:表面散射:用毛玻璃来获得均匀光强。

体内散射:用烟雾观察激光的光路。

(5) 什么是红汞水溶液?它有什么光学特点?

答:红汞的化学名称是羰汞基荧光黄钠盐,它易溶于水,其水溶液对可见区的短波长光有较大的吸收,故呈红色。

2. 实验后要解释现象

用光的散射原理解释蓝天、白云和红太阳的颜色。

3. 实验内容

(1) 把少许几滴红汞水慢慢滴入一大烧杯的水中,仔细观察并记录红汞液滴溶于水时颜色是如何变化的。分析并解释这种变化的原因。

提示:刚滴入时是红的,稀释后慢慢变成绿的。因为一般情况下看到的主要是散射光,而由于蓝紫光被强烈吸收,看到的短波长光主要是绿光。

(2) 将上述滴有红汞的水搅拌后,把盛该溶液的烧杯放在眼前,对着灯光或阳光观察并记录看到的溶液的颜色;把烧杯周围用黑纸包裹起来,只露出一条 3~5mm 的缝(或小孔),从缝(或孔)向内看,观察并记录该溶液的颜色。两次看到的颜色相同吗?为什么?分析不同的原因。试验不同浓度的红汞水,找出颜色变化最为明显的红汞水浓度。

提示:对着灯光或阳光观察,看到该溶液是红色;把烧杯周围用黑纸包裹起来,只露出一条小缝,从缝向内看,看到该溶液是绿色。因为对着灯光或阳光观察,看到的是透射光;从缝向内看到的是散射光。

(3) 将烧杯侧面用黑纸包住,将烧杯底部分别放置在黑色的桌面上和白纸面上,从烧杯上口往下看,观察笔记录看到的颜色。颜色相同吗?分析原因。

解释现象

蓝天、白云和红太阳

颜色是不同波长的光经人眼而形成的主观感觉。人眼可以感觉到的光(称为"可见光")的波长范围在 390~770nm 之间。其中波长最短的是紫光,波长最长的是红光。其间各波长范围所对应的颜色如附表 9 所示。

附表 9　光波长与颜色的对应关系

波长/nm	390~420	420~500	500~570	570~590	590~630	630~770
颜色	紫	青—蓝	绿	黄	橙	红

太阳光中包含了全部可见光,因而是白色的(注意:"白色"由七色按一定比例混合而成,没有对应于白色的波长!)然而,清晨和傍晚,我们看到的太阳光却是红色的,这是因为早、晚的阳光与中午的阳光穿过大气层的距离不同,如附图 5 所示。光在空气中传播时,

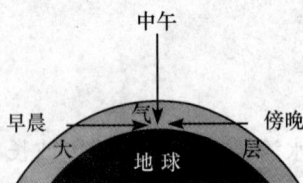

附图 5　穿过大气层的太阳光

由于空气密度的起伏,会发生瑞利散射,波长越短,散射越大,紫蓝绿光被散射较多,因而太阳的直射光呈现红色。[计算表明,当光穿过空气的路程不太远时(如中午的太阳光,穿过空气的路程约 8km),各种波长光的散射损耗都不大,如附表 9 所示;而当光穿过空气的路程较远时(如早、晚的太阳光,穿过空气的路程较远达 290km),散射损耗相当严重,而短波波长的光更严重得多,如附表 10 所示。由表可知,早、晚的阳光中,蓝紫光几乎全部损失,看到的太阳当然是橙红色的了。]蓝紫光向各个方向散射,因而整个天空呈现出美丽的蔚蓝色。

附表 10　太阳光的相对强度(以进入大气层前的强度为 1)

(a) 波长	(b) 颜色	(c) 中午的强度	(d) 早、晚的强度
660	红	0.96	0.23
540	绿	0.90	0.04
470	蓝	0.85	0.003
410	紫	0.76	0.00007

由此可知,蓝天红日是空气对不同波长的太阳光散射不同所致。至于白云,则是云中的小水滴对太阳光的廷德尔散射所致,由于廷德尔散射的强度与波长无关,因而呈白色。

【思考题】

你能告诉人们为什么汽车上的雾灯、海上的灯塔、陆地上指示飞机航线的航标灯、较高建筑物上的指示灯大多是橘红色或红色的吗?

附录 12　电学元件伏安特性的测量(四项)

DH6102 型伏安特性实验仪使用说明

一、实验仪概述

本实验仪由直流稳压电源、可变电阻器、电流表、电压表及被测元件等 5 部分组成,电压表和电流表采用四位半数显表头,可以独立完成对线性电阻元件、半导体二极管、钨丝灯泡等电学元件的伏安特性测量。必须合理配接电压表和电流表,才能使测量误差最小,这样可使初学者在实验方案设计中得到锻炼。

二、直流稳压电源技术指标

(1) 输出电压:0~16V。

(2) 负载电流:0~0.2A。

(3) 输出电压稳定性:优于 $1 \times 10^{-4}/h$。

(4) 输出波纹:1mVrms。

（5）负载稳定性：优于 1×10^{-3}。

（6）输出设有短路和过流保护电路，输出电流最大为 0.2A。

（7）输出电压调节：分粗调、细调，配合使用。

（8）输入电源：220V±10%，50Hz；功耗最大 20W。

三、可变电阻箱结构和技术指标

1. 电路结构

可变电阻箱由 $(0 \sim 10) \times 1k\Omega$，$(0 \sim 10) \times 100\Omega$ 和 $(0 \sim 10) \times 10\Omega$ 三位可变电阻开关盘构成，电路原理图见附图6。

2. 技术指标

（1）电阻变化范围：$0 \sim 11100\Omega$，最小步进 10Ω；精度：1%。

（2）电阻的功耗值：$(1 \sim 10) \times 1k\Omega$，0.5W；$(1 \sim 10) \times 100\Omega$，1W；$(1 \sim 10) \times 10\Omega$，5W。

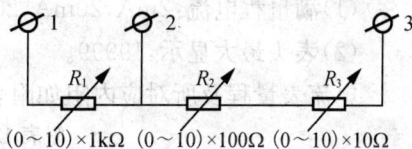

附图6　变阻器电路结构图

3. 使用说明

1）作变阻器用

1号和3号端子间电阻值等于三位开关盘电阻示值之和，电阻变化范围为 $0 \sim 11\,100\Omega$，最小步进值为 10Ω。

2）构成变阻输入式分压箱

当电源正极接于1号端子，负极接于3号端子，从2号端子和3号端子上获得电源的分压输出，其原理见附图7。

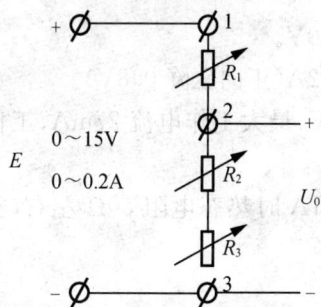

附图7　变阻输入式分压箱原理图

由附图7得

$$U_0 = E \frac{R_2 + R_3}{R_1 + R_2 + R_3}$$

式中：U_0——分压电压输出值，V；

E——电源电压，V；

R_1——是×1kΩ 开关盘示值电阻，可由开关旋钮转接而变化；

R_2——是×100Ω 开关盘示值电阻，可由开关旋钮转接而变化；

R_3——是×10Ω 开关盘示值电阻，可由开关旋钮转接而变化。

变阻输入式分压箱的优点是分压器的工作电流可变。

四、电压表

（1）满量程电压：2V，20V。

(2) 表头最大显示:19999。

电压量程和对应的电表内阻值,如附表 11 所示:

附表 11　电压量程和对应电表内阻

电压表量程	2V	20V
电压表内阻	3MΩ	3MΩ
电压表精度	0.2%	0.2%

五、电流表

(1)满量程电流:2mA,20mA,200mA。

(2)表头最大显示:19999。

电流表量程及所对应内阻如附表 12 所示:

附表 12　电流表量程和对应内阻

电流表量程	2mA	20mA	200mA
电流表内阻	100Ω	10Ω	1Ω
电流表精度	0.5%	0.5%	0.5%

注意:电压表和电流表测量前必须选择合适量程,当 4 位"0"同时闪烁时为超量程使用,请重新选择合适量程。

六、被测元件

1. 被测元件主要参数

(1)RJ-0.5W-1kΩ($\pm5\%$):金属膜电阻器;安全电压:20V。

(2)RJ-0.5W-10kΩ($\pm5\%$):金属膜电阻器;安全电压:20V。

(3)二极管,最高反向峰值电压 15V,正向最大电流$\leqslant$0.2A(正向压降 0.8V)。

(4)稳压管 2CW56(旧型号:2CWl5):稳定电压 7~8.8V,最大工作电流 27mA,工作电流 5mA 时动态电阻为 15Ω,正向压降$\leqslant$1V。

(5)钨丝灯泡:冷态电阻为 10Ω 左右(室温下),12V,0.1A 时热态电阻 80Ω 左右,安全电压$\leqslant$13V。

2. 被测元件安全性说明

(1)RJ-0.5W-1kΩ 和 RJ-0.5W-10kΩ 两只电阻的安全电压都是按额定功耗的 80% 计算所得,本实验仪直流稳压电源电压为 0~15V,因此这两只电阻在作伏安特性测量时,不加任何限流电阻或分压降压措施,都是安全的。

(2)稳压管和二极管的正向特性大致相同,正向测量时一定要限制正向电流,不要超过最大正向电流的 70%;给定正向工作电流的器件,正向最大电流按给定的工作电流。稳压管反向击穿电压即为稳压值,此时要串入电阻箱限制其稳压工作电流不超过最大工作电流,二极管反向击穿时,电流值会比较大,此时也要限制其反向电流不超过 200mA 以免击穿损坏!

(3)钨丝灯泡冷电阻约 10Ω,突然加上 12V 电压,有可能造成灯泡钨丝的断裂。为了保证钨丝灯泡安全,加电前应串入 100Ω 限流电阻。

七、成套性

(1)KT4ABD51 连接线,10 根。

(2)电源线,1 根。

(3)保险(0.5A,已在电源插座中),2 只。

(4)易损元器件备品:

稳压管 2CW56,2 支;

二极管 13005,2 支;

钨丝灯泡,2 支。

实验项一　线性电阻器伏安特性测量及测试电路设计

1. 实验目的

按被测电阻大小、电压表和电流表内阻大小,掌握线性电阻元件伏安特性测量的基本方法。

2. 伏安特性

在电阻器两端施加一直流电压,在电阻器内就有电流通过(附图 8)。根据欧姆定律,电阻器电阻值为

$$R=\frac{U}{I} \qquad (附 23)$$

附图 8　线性元件伏安特性

式中:R——电阻器在两端电压为 U,通过的电流为 I 时的电阻值,Ω;

U——电阻器两端电压,V;

I——电阻器内通过的电流,A。

欧姆定律公式表述成下式:

$$I=\frac{U}{R}$$

以 U 为自变量,I 为函数,作出电压电流关系曲线,称为该元件的伏安特性曲线。

对于线绕电阻、金属膜电阻等电阻器,其电阻值比较稳定不变,其伏安特性曲线是一条通过原点的直线,即电阻器内通过的电流与两端施加的电压成正比,这种电阻器也称为线性电阻器。

3. 线性电阻的伏安特性测量电路的设计

当电流表内阻为 0,电压表内阻无穷大时,下述两种测试电路都不会带来附加测量误差(附图 9,附图 10)。

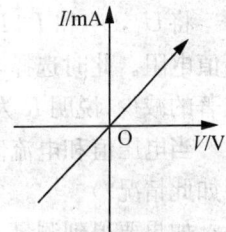

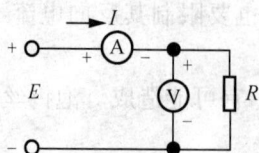

附图 9　电流表外接测量电路　　　　附图 10　电流表内接测量电路

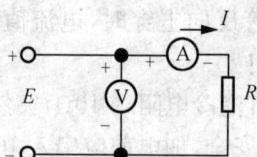

被测电阻 $R=\dfrac{U}{I}$。

实际的电流表具有一定的内阻,记为 R_I;电压表也具有一定的内阻,记为 R_U。因为 R_I 和 R_U 的存在,如果简单地用公式 $R=\dfrac{U}{I}$ 计算电阻器电阻值,必然带来附加测量误差。为了减少这种附加误差,测量电路可以粗略地按下述办法选择:

① 当 $R_U\gg R$,R_I 和 R 相差不大时,宜选用电流表外接电路,此时 R 为估计值;

② 当 $R\gg R_I$,R_U 和 R 相差不大时,宜选用电流表内接电路;

③ 当 $R\gg R_I$,$R_U\gg R$ 时,必须先用电流表内接和外接电路作测试而定。

方法如下:先按电流表外接电路接好测试电路,调节直流稳压电源电压,使数字表显示较大的数字,保持电源电压不变,记下两表值为 U_1,I_1;再将电路改成电流表内接式测量电路,记下两表值为 U_2,I_2。

将 U_1,U_2 和 I_1,I_2 比较,如果电压值变化不大;而 I_2 较 I_1 有显著的减少,说明 R 是高值电阻。此时选择电流表内接式测试电路为好;反之电流值变化不大,而 U_2 较 U_1 有显著的减少,说明 R 为低值电阻,此时选择电流表外接测试电路为好。

当电压值和电流值均变化不大,此时两种测试电路均可选择(思考:什么情况下会出现如此情况?)

如果要得到测量准确值,就必须按以下两式,予以修正。

电流表内接测量时:

$$R=\dfrac{U}{I}-R_I \tag{附24}$$

电流表外接测量时:

$$\dfrac{1}{R}=\dfrac{I}{U}-\dfrac{1}{R_U} \tag{附25}$$

式中:R——被测电阻阻值,Ω;

U——电压表读数值,V;

I——电流表读数值,A;

R_I——电流表内阻值,Ω;

R_U——电压表内阻值,Ω。

4. 实验设计及实验

(1) 被测电阻器:选择 1kΩ 电阻器,误差≤±0.5%。

(2) 线路设计:见附图 11。

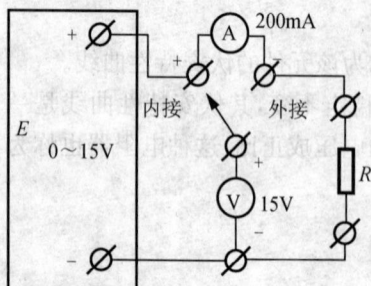

附图 11　实验电路接线图

（3）实验内容：电流表外接测试；电流表内接测试；测试电路优选方法验证；按式（附 24）和式（附 25）修正计算结果。

（4）实验记录见附表 13。

附表 13　1kΩ 电阻器伏安特性曲线测试数据表

电流表内接测试				电流表外接测试			
U/V	I/A	R 直算值$/\Omega$	R 修正值$/\Omega$	U/V	I/A	R 直算值$/\Omega$	R 修正值$/\Omega$

5. **就下述提示写出实验总结**

（1）电阻器伏安特性概述。

（2）电流表内接外接两种测试法，根据 $R=1\text{k}\Omega$，$R_U=1\text{M}\Omega$，$R_I=10\Omega$ 和测试误差，讨论两种测试方法的优劣。

实验项二　二极管伏安特性曲线的研究

1. **实验目的**

通过对二极管伏安特性的测试，掌握锗二极管和硅二极管的非线性特点，从而为以后正确设计使用这些器件打下技术基础。

2. **伏安特性描述**

对二极管施加正向偏置电压时，则二极管中就有正向电流通过（多数载流子导电），随着正向偏置电压的增加，开始时，电流随电压变化很缓慢，而当正向偏置电压增至接近二极管导通电压时（锗管为 0.2V 左右，硅管为 0.7V 左右），电流急剧增加，二极管导通后，电压的少许变化，电流的变化都很大。

对上述二种器件施加反向偏置电压时，二极管处于截止状态，其反向电压增加至该二极管的击穿电压时，电流猛增，二极管被击穿，在二极管使用中应竭力避免出现击穿观察，这很容易造成二极管的永久性损坏。所以在做二极管反向特性时，应串入限流电阻，以防因反向电流过大而损坏二极管。

二极管伏安特性示意如附图 12 和附图 13 所示。

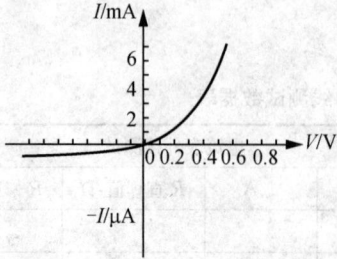

附图 12　锗二极管伏安特性示意图

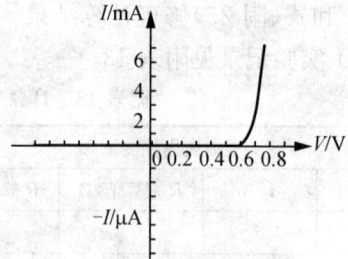

附图 13　硅二极管伏安特性示意图

3. 实验设计

1)反向特性测试电路

二极管的反向电阻值很大,采用电流表内接测试电路可以减少测量误差测试电路如附图 14 所示,变阻器设置 700Ω。

2)正向特性测试电路

二极管在正向导通时,呈现的电阻值较小,拟采用电流表外接测试电路。电源电压在 0～10V 内调节,变阻器开始设置 700Ω,调节电源电压,以得到所需电流值(附图 15)。

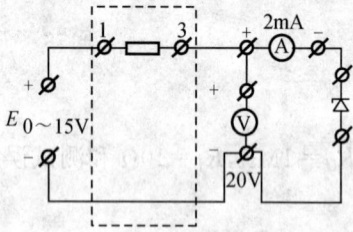

附图 14　二极管反向特性测试电路

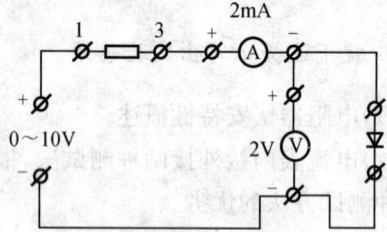

附图 15　二极管正向特性测试电路

4. 数据记录格式(附表 14 和附表 15)

附表 14　反向伏安曲线测试数据表

U/V							
$I/\mu A$							
电阻计算值/kΩ							

附表 15　正向伏安曲线测试数据表

I/mA							
U/V							
电阻直算值/kΩ							
电阻修正值/Ω							

注:① 电阻修正值按电流裹外接修正公式(附 25)计算所得;

　　② 实验时二极管正向电流不得超过 20mA。

5. 就下述提示进行实验讨论

（1）二极管反向电阻和正向电阻差异如此大，其物理原理是什么？

（2）在制定附表 15 时，考虑到二极管正向特性严重非线性，电阻值变化范围很大，在附表 15 中加一项"电阻修正值"栏，与电阻直算值比较，讨论其误差产生过程。

实验项三　稳压二极管反向伏安特性实验

1. 实验目的

通过稳压二极管反向伏安特性非线性的强烈反差，进一步熟悉掌握电子元件伏安特性的测试技巧；通过本实验，掌握二端式稳压二极管的使用方法。

2. 稳压二极管伏安特性描述

2CW56 属硅半导体稳压二极管，其正向伏安特性类似于 1N4007 型二极管，其反向特性变化甚大。当 2CW56 二端电压反向偏置，其电阻值很大，反向电流极小，据手册资料称其值≤0.5μA。随着反向偏置电压的进一步增加，大约到 7～8.8V 时，出现了反向击穿（有意掺杂而成），产生雪崩效应，其电流迅速增加。电压稍许变化，将引起电流巨大变化。只要在线路中，对"雪崩"产生的电流进行有效的限流措施，其电流有小许一些变化，二极管二端电压仍然是稳定的（变化很小）。这就是稳压二极管的使用基础，其应用电路见附图 16。

图中，E 为供电电源，如果二极管稳压值为 7～8.8V，则要求 E 为 10V 左右；R 为限流电阻，2CW56，工作电流选择 8mA，考虑负载电流 2mA，通过 R 的电流为 10mA，计算 R 值：

$$R=\frac{E-U_Z}{I}=\frac{10-8}{0.01}=200\Omega$$

附图 16　稳压二极管应用电路

式中：C——电解电容，对稳压二极管产生的噪声进行平滑滤波。

U_Z——稳压输出电压。

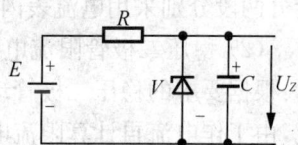

3. 实验设计

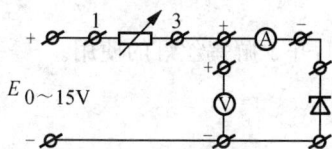

附图 17　稳压二极管反向伏安特性测试电路

（1）2CW56 反向偏置 0～7V 左右时阻抗很大，拟采用电流表内接测试电路为宜；反向偏置电压进入击穿段，稳压二极管内阻较小（估计为 $R=\frac{8}{0.08}=1k\Omega$），这时拟采用电流表外接测试电路。结合附图 16，测试电路图见附图 17。

（2）实验过程：电源电压调至 0，按附图 17 接线，开始按电流表内接法，将电压表"＋"端接于电流表"＋"端；变阻器旋到 1100Ω 后，慢慢地增加电源电压，记下电压表对应数据。

当观察到电流开始增加,并有迅速加快表现时,说明 2CW56 已开始进入反向击穿过程,这时将电流表改为外接式,(电压表"＋"端由接电流表"＋"端改接电流表"－"端)慢慢地将电源电压增加至 10V。为了继续增加 2CW56 工作电流,可以逐步地减少变阻器电阻,为了得到整数电流值,可以辅助微调电源电压。

4. 实验记录(附表 16)

附表 16　2CW56 硅稳压二极管反向伏安特性测试数据表

电流表接法		数据								
内接式	U/V									
	$I/\mu A$									
外接式	I/mA									
	U/V									

将上述数据在坐标纸上 2CW56 伏安曲线,参考附图 18。有条件时,在老师指导下,利用计算机作图。

5. 思考题

(1) 在测试二极管反向伏安特性时,为什么会分两段分别采用电流表内接电路和外接电路?

(2) 稳压二极管限流电阻值如何确定?(提示:根据要求的稳压二极管动态内阻确定工作电流,由工作电流再计算限流电阻大小)

(3) 选择工作电流为 8mA,供电电压 10V时,限流电阻大小是多少?供电电压为 12V 时,限流电阻又多大?

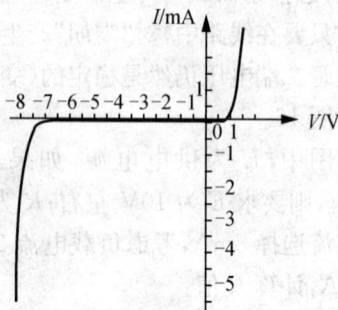

附图 18　2CW56 伏安曲线参考图

实验项四　钨丝灯伏安特性的测试实验

1. 实验目的

通过本实验了解钨丝灯电阻随施加电压增加而增加,并了解钨丝灯的使用。

2. 钨丝灯特性描述

实验仪用灯泡中钨丝和家用白炽灯泡中钨丝同属一种材料,但丝的粗细和长短不同,就做成了不同规格的灯泡。

本实验仪用钨丝灯泡规格为 12V,0.1A。只要控制好两端电压,使用就是安全的,金属钨的电阻温度系数为 $4.8 \times 10^4 /℃$,系正温度系数,当灯泡两端施加电压后,钨丝上就有电流流过,产生功耗,灯丝温度上升,导致灯泡电阻增加。灯泡不加电压时电阻称为冷态电阻。施加额定电压时测得的电阻称为热态电阻。由于正温度系数的关系,冷态电阻小于热态电阻。在一定的电流范围内,电压和电流的关系为

$$U = KI^n \tag{附26}$$

式中:U——灯泡二端电压,V;

$\quad\quad I$——灯泡流过的电流,A;

$\quad\quad K$——与灯泡有关的常数;

$\quad\quad n$——与灯泡有关的常数。

为了求得常数 K 和 n,可以通过二次测量所得 U_1、I_1 和 U_2、I_2,得

$$U_1 = KI_1^n \tag{附27}$$
$$U_2 = KI_2^n \tag{附28}$$

将式(附27)除以式(附28)可得

$$n = \frac{\lg \dfrac{U_1}{U_2}}{\lg \dfrac{I_1}{I_2}} \tag{附29}$$

将式(附29)代入式(附27)式可以得到:

$$K = U_1 I_1^{-n} \tag{附30}$$

3. 实验设计

灯泡电阻在端电压 12V 范围内,大约为几欧姆到上百欧姆,电压表在 20V 档内阻为 3MΩ,远大于灯泡电阻,而电流表在 200mA 档时内阻为 100Ω,和灯泡电阻相比,小的不多,宜采用电流表外接法测量,电路图见附图 19。变阻器置 100Ω,按附表 17 规定的过程,逐步增加电源电压,记下相应的电流表数据。

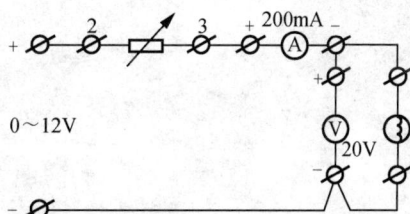

附图 19　钨丝灯泡伏安特性测试电路

4. 实验记录(附表 17)

附表 17　钨丝灯泡伏安特性测试数据表

灯泡电压 V/V									
灯泡电流 I/mA									
灯泡电阻计算值/Ω									

由实验数据在坐标纸上画出钨丝灯泡的伏安特性曲线,并将电阻直算值也标注在坐标图上。

选择两对数据(如 $U_1 = 2V$, $U_2 = 8V$,以及相应的 I_1, I_2),按式(附29)和式(附30)计算出 K、n 两系数值。由此写出式(附26),并进行多点验证。

5. 思考题

（1）试从钨丝灯泡的伏安特性曲线解释为什么在开灯的时候容易烧坏？

（2）在电子振荡器电路中，经常利用正温度系数的灯泡，作为振荡器电压稳定的自动调节元件，参考附图 20，试从钨丝灯伏安特性说明该振荡器稳幅原理。

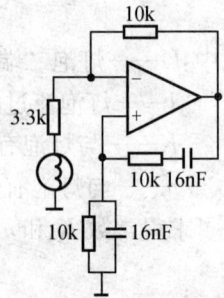

附图 20　钨丝灯稳幅的
1kHz 振荡电路

主要参考文献

成正维. 2002. 大学物理实验. 北京:高等教育出版社.

丁慎训,张孔时. 2001. 物理实验教程. 北京:清华大学出版社.

贾玉润,王公治,凌佩玲. 1987. 大学物理实验. 上海:复旦大学出版社.

李平舟,陈秀华,吴兴林. 2002. 大学物理实验. 西安:西安电子科技大学出版社.

李秀燕. 2001. 大学物理实验. 北京:科学出版社.

沈元华,陆申龙. 2003. 基础物理实验. 北京:高等教育出版社.

杨述武. 2000. 普通物理实验. 北京:高等教育出版社.

张山彪,桂维玲,孟祥省. 2009. 基础物理实验. 北京:科学出版社.